MATHEMATICS FOR HUMAN FLOURISHING

生而為人的 13堂 數學課

透過數學的心智體驗與美德探索，
讓你成為更好的人的練習

蘇宇瑞————著

2
3
9

Francis Su

克里斯多福・傑克森 Christopher Jackson————供稿   畢馨云——譯

亞里斯多德認為圓滿幸福的人生，必須透過德行的實踐。作者主張數學可以助人圓滿幸福，做數學可以喚醒我們追求內在善的渴望，書中舉出人類的 12 種渴望，包含遊戲、美麗、真理、正義、愛等等，每一種渴望的實現都會產生一些美德，都是圓滿幸福的徵象。例如，數學老師引導學生探索的渴望，探索會培養想像力的德行，激發創造力的德行，培養學生對魔力、驚奇的期待。書裡文章字字珠璣，值得讀者細細品味，或許您也會認同作者的觀點：基於人的渴望，做數學會讓您生活得更充實，體驗更美好的人格層面和心智習慣。

───**李信昌**　數學網站「昌爸工作坊」站長

「學數學要做什麼？」
「沒有數學我也可以過得很好啊！」
如果你有這樣的想法，這本書你一定不能錯過；這是一本有數學的標題與內涵，卻看不到什麼複雜數學公式的好書。

如果你喜歡數學，不妨挑戰一下這本書每個單元後面附的解謎、遊戲或魔術，附錄先給提示再給答案的設計，讓你不會一下子得到答案，循序式的解題。如果你不怎麼喜歡數學，建議看看書裡面有關於數學跟我們生活與問題解決的介紹，你會發現有時候不是數學沒用，只是你不知道怎麼去用它。

你熱衷於數學探索嗎？還是想看看數學中的美有哪些種類？或者你常常處於努力後得不到成就的沮喪，甚至覺得世界上有太多的不公平，不妨從標題裡找到你最有興趣的單元先看起吧！相信你對數學的看法會有所改善，將可得到更多正向面對它的能量。

───**李政憲**　林口國中教師、教育部師鐸獎得主、
「藝數摺學」臉書公開社團創辦人

每次對初次見面的人介紹我是數學老師，接下來對方總會說：自己數學不好！雖然日常生活中我們都離不開數學，然而大部分的人都會認為數學不是他的強項，甚至會認為自己的數學糟透了。如果你也有這樣的想法，嘗試讀這本書吧。作者會帶你遊歷數學不同的風貌，思索數學如何對我們的人生產生意義，透過許多例子讓讀者了解數學不只是課堂中定理、定義與解題的學習而已，像文中作者透過一個囚犯自學數學的信件，貫穿整本書的章節，讓讀者體驗雖然身體沒有自由，不過心靈的成長學習是不會受限。我想對於許多畏懼數學的人來說會有激勵的效果，我覺得這是很棒的內容。另外書中在每章後面都會附上一篇有趣的數學小品文，還會附上參考資料與網站。內容是關於遊戲、魔術、謎題、拍賣方式、權力分配、分租房間的公平性等等，呈現數學在各種領域扮演的角色，這些文章都很吸引人，讓我覺得讀起來很有趣。此外對於身為數學教學第一線的工作者，本書提供了數學對於增進人生圓滿幸福與激勵學生學習數學的指引，這是閱讀完這本書之後，另外一個印象深刻的收穫。

————**林信安**　建中數學科教師

這是一本很不一樣的數學科普書籍，值得細細品味咀嚼。作者的生活背景經驗造就了關於正義、自由、社群等等，有意識的生命都會面對的問題。書中的一些篇章往往會觸及讀者內心的情感。原來，數學不只是理性的也是感性的。另外，分散在書中各章節的數學問題都是經典而有趣的。

————**洪士薰**　台南女中數學教師

作者語重心長地說，幾十年來不斷有人呼籲要改變數學的教學法，然而變革一直很緩慢，以致學生無法體會數學是可以探索的迷人領域。

其實，透過創新的教材和學習方法，可激發學生內心對數學探索的渴望；透過實物操作數形觀察，可體驗數學的感官之美；透過數學遊戲謎題的祕訣探討，可讓學生驚嘆數學的絕妙之美；透過不同視角的邏輯推導與猜想論證，可感受數學的洞悉之美。

甚至，在享受學習數學的過程中，也會培養出深思熟慮、鍥而不捨、獨立思考、改變視角、好奇、審慎、沉著、自信、謙卑等美德。

這是一本很特別的談論數學的書，值得您細細品味。

————**洪雪芬**　超腦麥斯創意思維數學課程總監

蘇宇瑞的美國數學協會主席卸任演講〈數學與你的幸福〉被形容為「深刻、寬廣、難以言表……許多聽眾眼眶含著眼淚，包括蘇自己」。這篇演說曾翻譯刊登在《數理人文》，如今蘇以更多篇幅細訴他的終極關懷，我當時的編輯感言也適用在這本妥善翻譯的譯本：「這裡的幸福，是意義深刻的 eudai-monia，這是亞里士多德倫理學裡的善中之善，是德行實踐的最終目標。但是蘇宇瑞給的不是哲學演說，也不是由上到下的演繹論證，他信手捻來的各種案例，讓你領會數學與幸福的議題就在我們身邊。蘇是美國數學協會第一位有色人種主席，長年關懷數學教育如何走出因性別、種族、背景而蔓生的困境。數學研究雖有其菁英性，卻不應以背景來劃分。數學教師的任務是化解虛假高牆的行動，而不是反過來鞏固它的漠然。文中的例證和訊息都令人動容。」

————**翁秉仁**　國立臺灣大學數學系副教授

《生而為人的 13 堂數學課》對數學的深入剖析，讓數學不僅僅是計算、解題，更是與圓滿人生連結。

——————**高敏慧**　臺北市民生國中校長、臺北市數學輔導小組副召集人

生而為人，我們有一些共同的、也是最基本的心靈渴望，例如追求幸福、知識、真理、美、人生意義、正義、自由、社會認同、愛……。作者以這些最基本的心靈渴望為主軸，串聯許多數學的小故事，講述這些成就心靈追求的大道理。貫穿全書的核心人物，不是讓人感到遙不可及的大數學家，而是在社會邊緣掙扎的受刑人克里斯多福，以及曾經因為哥哥的數學天才而感到被忽視、甚至懷疑自我，心中默默吶喊渴望認同的哲學家西蒙。當然，還有曾經在求學道路上挫折的作者本人。數學對他們生命的積極影響，是許多躊躇於人生道路者的明鏡。本書平易近人、文理俱愜，既有富饒趣味的數學遊戲，亦有充滿生命關懷的數學思考，譯本忠於原著，精準而專業，值得大力推薦！

——————**陳國璋**　國立清華大學數學系與通識中心教授

人文者，人之所作。故人文不限於道德文章戲曲圖畫，舉凡數學與一切分科之學皆為人文。社會挑選一部分人文化成文化，華人社會還沒將數學化入文化。蘇教授這本書肯定名列人文之林，更希望它能潤化眾人的心，幫助數學化入我們的文化。

——————**單維彰**　國立中央大學數學系與師資培育中心教授

這是一本感性的數學科普書，作者不急於推銷各種數學知識的實用或趣味性（僅供它們真實存在），而是透過他或他人的生活經歷出發，讓我們看見數學在知識面之外，它還可以作為一種思考方式、一門藝術、能夠帶給我們生活喜悅，讓我們獲得一直在追求的──更圓滿的人生。

────**賴以威**　臺師大電機系副教授、數感實驗室共同創辦人

──不像數學書的數學書

本書是獨特的，它是以人為底蘊、數學為媒介、生命為依歸的一本書。

介紹數學的書，有的以知識為脈絡，所以會生硬；有的以故事為經緯，或許顯得牽強，但本書透由每個人心中都有的構念，例如「圓滿幸福」、「探索」、「意義」……等，讓讀者有共鳴，進而接受作者對於做「數學」的終極目的。

另一個特別之處，本書內容也像是迷惘時的解籤書或是心靈雞湯，作者配合文中主題安排的名言佳句，總會讓讀者有醍醐灌頂的豁然開朗。「如果我們沒有幾何的天分或喜好，並不代表我們不能靠思索問題或研究定理培養出專注力。相反的，這幾乎是一種優勢。」您瞧，是不是對孩子很受用！

它的確是本數學書，因為每一個章節末都有一些有趣的數學謎題，挑戰您解決問題的能力，而做「數學」到底有什麼用？以前這個答案很難回答，不過閱讀完本書 13 堂數學課後，您會說：「所有的努力都是為了『圓滿幸福』。」因為「數學之美只會對更有耐性的追隨者展露出來」。

────**蘇恭弘**　臺南市創思與教學研發中心專任研究教師

For the Christophers and Simones of the world

獻給世界上的克里斯多福和西蒙

目次

序言

　　這本書不談數學多麼偉大，儘管數學確實是輝煌的志業。這本書也不特別關注數學可以做什麼，儘管不可否認數學可以做很多事情。說得更確切些，這本書要讓數學建立在生而為人，以及活出更圓滿人生的意義為何的基礎上。

　　這本書源自我在 2017 年 1 月，美國數學協會主席任期屆滿時所做的演講。雖然我是向參加會議的數學家發言，但基本主題是共通的，所談的要旨在出乎我預料的方面引起共鳴。聽眾的含淚回應讓我看到，就連在那些以數學謀生的人當中，也確實有必要談論我們對公眾利益的嚮往，以及我們彼此必須成為更好的人。那場演說經過《量子雜誌》（Quanta Magazine）和《連線》雜誌（Wired）的報導後，我收到許多人的來信，他們接觸數學的經驗和我自己的經驗相似：做得不好時覺得難過，而看到差異可以很大時就充滿了喜悅。

　　為了歡迎大家參與交談，我把廣大讀者設定為這本書的對象，尤其是那些認為自己不是「那種喜歡數學的人」。也許讓你在數學裡看見自己的方式，不是由我來說服你相信數學很偉大，或數學做了很多很棒的事，而是由我來告訴你，數學與「生而為人」息息相關。這麼一來，人的最深層渴望就展現出數學的本質，而你只需把它喚醒。

　　我不會預設什麼學經歷背景；我知道大家的數學經驗各有不同，用你平常的程度來讀這本書就行了。我會在書裡的不同地方提及幾個數學觀念，嘗試用你可能會用來閒聊哲學、音樂或運動的方式，把這些觀念和你大概知道的事物聯繫起來。或許你是替你認識且正在學數學的人讀這本書，出於這個原因，有時我也會給教育工作者一點建議。不管你的角色是什麼，我都希望你把這本書當作邀請函來讀，把書裡的觀念當成在家中、課堂上或朋友之間，談論如何換個方式想像數學的話頭。

∞第 1 章∞
圓滿幸福

每個人都在默默呼喊,渴望他人看出不一樣的自己。

──西蒙‧韋伊(Simone Weil, 1909–1943)

克里斯多福・傑克森（Christopher Jackson）在一座高度戒護的聯邦監獄裡服刑。他從十四歲起就經常胡作非為，高中沒有讀完，吸毒成癮，十九歲那年捲入一連串持槍搶案，判刑三十二年。

現在你對克里斯多福的形象可能心裡有數了，也許正在納悶為什麼我要以他的故事作開場白。如果要你想一想誰在做數學，你會想到克里斯多福嗎？

但他在入獄七年後，寫了一封信給我，信中寫道：

> 我一直偏好數學，可是年少時境遇不良，所以從來沒有好好了解受教育的真正意義和好處……
>
> 過去三年我買了很多書來自修，讓我對高中代數 I、高中代數 II、大學代數、幾何、三角、微積分 I 和微積分 II 有深刻具體的認識。

如果要你想想誰在做數學，你會想到克里斯多福嗎？

每個人都在默默呼喊，渴望他人看出不一樣的自己。

西蒙・韋伊是法國著名的宗教神祕主義者，也是廣受推崇的哲學家。但大概較少有人知道，她的哥哥安德列・韋伊（André Weil）是歷史上最著名的數論學家之一。

對西蒙來說，**看出**（read）某人就是指弄清楚他們的想法或加以評斷。她是在說：「每個人都在默默呼喊，渴望得到不同的評斷。」我不知道西蒙是不是在為自己發聲，因為她也喜愛數學，參與數學討

西蒙・韋伊，攝於 1937 年前後。照片由 Sylvie Weil 提供

論，但經常覺得自己比不上哥哥。她在給導師的一封信中寫道：

> 十四歲時，我陷入一陣陣隨青春期而來的無底絕望，因為自覺天
> 資平庸，我認真考慮一死了之。我哥哥優異資賦，童年和青少年
> 期可與巴斯卡（Pascal）的早年相媲美，這讓我明白自己低人一
> 等。我不介意沒有顯眼的成就，可是想到自己進不了那個只讓真
> 正傑出之士進入，真理所在的超凡國度，確實令我感到悲傷。我
> 寧可死，也不願失去那個真理。[1]

　　我們知道西蒙喜愛數學，因為她的哲學著述中從頭到尾都用了數
學的例子 [2]，而且你會在布爾巴基（Bourbaki，法國一群改革派數學
家）成員的合照中，看到她與安德列，而她是照片裡孤零零的女性。
他們的聚會充滿胡鬧，也許不是很吸引女性。[3]

布爾巴基的聚會，攝於 1938 年前後。可以看到西蒙坐在左邊，低頭看著筆記，安德列在搖鈴。照片由 Sylvie Weil 提供

　　我經常想，要不是一直活在哥哥的光環下，西蒙·韋伊會和數學產生什麼樣的關係。[4]

　　每個人都在默默呼喊，渴望他人看出不一樣的自己。

　　我是快樂的數學愛好者、數學老師、數學研究員、美國數學協會前主席，所以你或許會認為，我和數學的關係一直很牢固。我不喜歡**成功**這個字眼，但大家認為我很成功，就好像我拿到的獎項或發表過的論文是實際衡量數學成就的標準。儘管我曾有些優勢，包括我的中產階級背景，還有督促我出人頭地的父母，然而在我從事數學研究的過程中，也遇到過障礙，即使從事數學研究是出於更崇高的理由，而

不是為了成就。

我從小就喜愛漂亮的數學概念，很想學得更多，但我在德州南部的鄉下小鎮長大，機會不多。我就讀的高中開的進階數學課或科學課很少，因為這所學校的學生通常不會選擇繼續上大學。我周圍並沒有一大群熱烈討論數學的朋友。我的父母雖然積極幫助我學習，卻不知道該去哪裡找資源培養我在數學方面的興趣；在網際網路還沒出現的年代，尋找這類資源更是困難。我大部分是靠公共圖書館借來的舊書。我讀德州大學時，變得更加喜愛數學，後來申請到哈佛大學修博士學位。但我在哈佛覺得格格不入，因為我不是常春藤盟校畢業的，而且我不像許多同學，入學前已經修完一長串的研究所課程。我覺得自己就像西蒙・韋伊，站在一群明日的安德列・韋伊身旁，心想如果我不像他們一樣，就永遠不可能在數學上有所發展。

有位教授告訴我，**你沒有具備成為出色數學家的條件**。那句刻薄的評語逼我仔細考慮很多問題，其中之一就是為什麼我想做數學。做數學不但代表要學習數學的事實，還代表要把自己視為有能力學習數學，有信心和習慣去處理新問題的人。出乎意料的，我加入了這一大群因惡劣評斷而受傷，懷疑自己數學能力的夥伴當中。有許多人質疑學數學有什麼用，還有人沒機會接受良好的數學教育。面對這麼多的障礙，所有的人都可以仔細想想這個合理的問題：

為什麼要做數學？

克里斯多福為何在獄中自修微積分，即使還要再等二十五年出獄後才用得到這個知識？數學對他有什麼好處？為什麼西蒙對超凡的

數學真理如此著迷？這些真理提供了什麼東西，讓她這麼渴望了解更多？當別人用委婉和不怎麼委婉的方式告訴你說你不適合，你怎麼還會繼續堅持學數學，或執意認為自己是探究數學的人？

在此時此刻，社會也在探問自己和數學的關係。數學只是讓你「做好進大學和職場的準備」，以便實現人生目標的工具？還是說，數學對大多數人來說是不必要的，只和少數菁英有關？如果你所學的東西永遠用不到，那麼學數學有何意義？明天的工作也許根本就用不到今天所學的數學。

在數位革命帶來的重大社會變革之下，過渡到資訊經濟的變遷過程之中，我們目睹工作方式與生活方式的迅速轉型。現在數學工具對各行各業都很重要，包括最舉足輕重的領域；目前世界上最值錢的四家公司，全是科技公司。[5] 這就表示，具備數學技能的人現在更有權力了。[6] 在年輕人的生活經驗裡，平常所用的工具也和數學息息相關。線性代數驅動了演算法，賽局理論驅動了廣告，如今搜尋引擎滿足我們一探究竟的念頭。智慧型手機已成為我們的數位管家，把數據資料儲存在用代數鎖住的儲藏室裡，靠統計靈敏度辨識語音指令，還能播放經分析解壓縮的音樂選輯，讓我們心情愉悅。

然而社會一直沒有認真盡到義務，提供每個人充滿活力的數學教育。在許多學校裡，老師缺乏充分的支持，過時的課程和教學法讓很多學生無法體會數學是可以探索的迷人領域，與文化有關，在生活各個層面都很重要。我們會在市中心廣場聽到一種聲音，說高中生不必學代數，或說只要少數的人數學好就行了——都在暗示數學最好就交給數學家。[7] 有些大學數學系教授放棄教入門課程，或是只把數學學

士學位視為產出數學博士的管道，這也等於在宣告同樣的事情。幾十年來，從小學到大學的各個階段，不斷有人呼籲要改變數學的教學法[8]；儘管如此，變革一直很緩慢，部分原因是，數學課程經常淪為針對教育本身的政治爭辯的背板。[9]

我們沒有給自己應有的良好教育，而且就像大部分的不公不義一樣，這會給最弱勢的人帶來特別大的損害。沒機會學習數學知識和親近數學，已經對貧民及其他弱勢族群造成極嚴重的後果。[10] 不去開發每個人的潛力，對我們所有人都是一種損失，將來還會限制後代解決問題的能力。

我們沒有把心力投入在人身上，現在已經讓我們受到影響。當我們不了解新技術的原理，卻期望新技術替我們做決定，就很容易受人操弄。演算法會讓我們看到不一樣的新聞，向我們推銷不一樣的貸款，在我們與鄰居身上挑起不同的情緒，但我們未曾意識到這些用來分類、記錄、劃分人群的手段。[11] 我們目睹企業家不願批評自己發明出來的技術，政客因缺乏數學方面的精明腦袋，無從要求他們負起責任，公眾也沒有準備好思考自己和這些技術之間的關係。

我們都知道是數學在暗中運作，但除此之外，數學看起來冷冰冰、合乎邏輯又死氣沉沉。難怪我們不會感覺這有什麼切身關係，也難怪我們不覺得要為數學的運用方式負責。

你我可以做些改變。所有的人都有能力培養出自己對數學的喜好，欣然接受數學的奧妙、力量與責任。在當今世界非常需要做這件事，而且回報很高。

沒有數學喜好的社會，就像沒有音樂會、公園或博物館的城市。錯過了數學，就失去了嘗試漂亮觀念，用全新角度看待世界的機會。領悟數學之美，是人人都應該要求的獨特崇高體驗。

無論是什麼身分，不管來自哪裡，所有的人都可以培養出數學喜好。所有的人都能和數學建立起超乎想像的關係。所有的人都可以換個方式了解自己和彼此。

我在跟喪失信心的人說話，這些人因為聽到別人說他們數學能力不好而受傷。我在跟不再著迷的人說話，對他們來說數學已經變無聊了。我在跟那些沒有資源，或沒有信心受數學教育，但一直對事物的原理感到好奇的人說話。我在跟從不覺得數學很美的藝術家、從不認為數學和自己有關的社工人員，以及未曾想過數學是任何人都能理解的數學家說話。

我也在和那些教數學的人以及那些自認為永遠不會去教數學的人說話，因為**我們每個人都是數學老師，不論你有沒有意識到這點**。我們都在透過自己對他人說出的事情，傳達看待數學的態度，而我們的言語有難以磨滅的影響。你可以傳遞消極的態度：「我的數學一直很不好。」「那個科目是男孩子讀的。」「別跟她瞎混，她是書呆子。」「兒子啊，我不是那種喜歡數學的人，所以你可能遺傳到我了。」「你為什麼又選了一門數學課？」你也可以傳達積極的態度：「數學是探險。」「就像我可以提高罰球命中率，你也**可以**提升數學技能。」「數學就是看出隱藏模式的能力。」「每個人都有數學的潛力。」

也許有一天你會為人父母，或當上阿姨或叔叔、青年團體領袖、

社區志工,或在某個具影響力的職位上──若是如此,你就會是數學老師。如果你輔導孩子做功課,你就是數學老師。如果你害怕輔導孩子做功課,你就是在傳授一種看待數學的態度。許多研究顯示,有數學焦慮症的父母會把這種焦慮感傳染給孩子。事實上,如果對數學感到焦慮的父母嘗試輔導孩子做數學功課,會比沒有嘗試這麼做,更容易把焦慮感傳染給孩子。[12] 因此,你對於數學的喜愛,對孩子和對你自己是同等重要的。

用不同的方式了解自己,會需要我們所有人對於數學是什麼,以及誰應該學數學的看法有所改變,而所有人包括了數學沒學好和學得很好的人。也需要老師改變他們對於數學該怎麼教的看法。我們還必須換個方式談論數學──如果做到了,那麼在看數學如何連結到人最深層的渴望時,就會有更多的人受到數學吸引。

因此如果你問我:「為什麼要做數學?」我會這麼回答:「數學可以助人圓滿幸福。」

數學在使人圓滿幸福。

圓滿幸福是指一種完滿──屬於存在與行為,意識到自己的潛力也協助他人做到這件事,以禮行事,以尊嚴待人,即使在充滿挑戰的環境中也要活得正直誠實。它與快樂不同,不單單是一種心境。過得美滿的人生就是圓滿幸福的人生。古希臘人用 eudaimonia 這個字代表圓滿幸福,他們認為這是至善的境界:「由所有的良善構成的良善;一種足以生活美滿的能力。」[13] 希伯來語中有個類似的字詞:用於問候的 shalom。這個字有時翻譯成「平安」,但它的語境遠比這豐

富得多。向某人道 shalom，是在祝福對方圓滿幸福，生活美滿。阿拉伯語也有個相關的詞：salaam。

人在一生中都要討論的基本問題是：你要怎麼實現圓滿幸福？什麼樣的人生才算美滿？哲學家亞里斯多德說，圓滿幸福來自德行的實踐。在希臘人的觀念裡，德行是產生出卓絕舉止的卓絕品格，因此德行不只包含品德，像勇氣、智慧、耐性等特質也是德行。

我主張，適當地做數學可培養出助人圓滿幸福的德行。不論選擇哪種職業，不管人生走向何處，這些德行對你都很有用。朝德行邁進，是由人的基本渴望，由我們所有人的普遍嚮往喚起的，這會從根本上激發出一切。我們可以把這些渴望傾注在從事數學上；最後產生的德行可以讓你圓滿幸福。

不妨做個類比：如果做數學好似駕帆船，那麼人的渴望就猶如推動船帆的風，而德行是駕船建立起來的品格素質，即內觀，專注，與風和諧共處。當然，駕船有助我們從 A 點駛向 B 點，但這不是駕船的唯一理由。還有，我們必須掌握技術技能，才能順利航行，但不是為了打繩結打得更好去學習駕船。同樣的，數學技能雖然很有價值，但不能當作目標。社會需要的數學技能也許會變，所需要的數學德行卻不會變。

在推動數學的人性面的過程中，我和越來越多的人一樣，開始呼籲數學本身及數學教育要人性化，通常是為了解決存在已久的不平等現象，而要沒有脈絡的數學描述轉移，去揭示數學的社會與文化層面。[14] 除非我們選定學習數學的其他意圖，而不只是當成往後謀職所需的記誦程序，否則這個值得稱道的目標將不可能達成，往往還會

受到抵制。

當有些人問：「我什麼時候會用到這個？」他們真正想問的是：「我會在什麼時候重視這個？」[15] 他們還沒看到還有什麼東西能重視，所以就把數學的價值和實用性相提並論。用更宏大、目標更明確的角度看數學，會激發我們運用那些渴望，可以誘使我們從事數學，實踐那些能從數學發展出來的德行。

因此，接下來的各章分別用來談人的各個基本渴望，這些渴望的實現都是圓滿幸福的徵象。我在每一章都會舉例說明，要怎麼藉由做數學去滿足這個渴望，我也會闡述用這種方式從事數學培養出的各個德行。如果大家想讓數學不斷進步發展，那麼我們的共同責任就是，把做數學的方式改變成實際上去滿足這些渴望。

我知道有些人聽我提到德行，可能以為我的意思是數學會讓你比別人更好。不是這樣的。我並不是說，數學可以讓你更有資格自誇有能力或人性尊嚴。我的意思是，若基於人的渴望，從事數學就能夠發展出會讓你的生活過得更加充實，讓你經歷最美好的人生的人格層面和心智習慣。沒有一個人是全德的；我們都是還有成長空間的半成品。此外，德行有很多培育方式，不只是從數學中培養。不過，適當從事數學會不會培養出**特別的**德行，譬如思考清楚和說理明晰的能力？絕對會，而且可能是以一種與眾不同的方式培養出來。

由於我對數學稱讚不已，你可能會認為我把數學尊為終極追求目標，比人生中的其他目標還要看重。也不是那麼回事。我們每個人都必須發掘賦予心靈最大意圖的是什麼。儘管如此，數學仍是人類了不

起的努力，值得去探索和參與，值得去幫助他人做同樣的事，因為數學可以滿足人的基本渴望，以獨一無二的方式讓人活出美好人生。

我希望你可以在這些渴望中看到自己，而把自己視為**數學探險家**，能夠用數學的方式思考，在數學的空間中受到歡迎。而在數學實踐還沒基於這些渴望的階段，我希望你會和我一起去改變它，這樣做將會給你感受數學的全新方式，不只是當成事實和技能的工具箱，還是促使所有人圓滿幸福的推力。

數學探索始於問題，所以我把一些謎題分散放在整本書裡。不要有壓力，如果你想跳過這些謎題，就可以跳過，或是只動腦想一想那些看起來很吸引人的題目。提示和解答可以在書末找到，但在你翻到書末之前，我建議你試試每個問題。

切布朗尼蛋糕

有位父親用長方形烤盤烤布朗尼蛋糕，給兩個女兒當放學後的點心。女兒回到家前，他的太太走過來，從中間切了一塊長方形，四邊未必和烤盤的四邊平行。

他該如何直切一次，把剩下的布朗尼蛋糕平分給兩個女兒，讓她們分得的蛋糕面積相等？

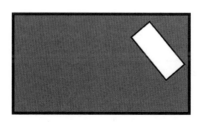

　　這個謎題的某個版本曾出現於美國公共廣播電台（NPR）《車談》節目（*Car Talk*）。[a]

切換電燈開關

　　想像有 100 個燈泡，每個燈泡都有一個從 1 編號到 100 的開關，全排成一列，而且所有的燈都關著。假設你執行以下的動作：切換編號為 1 的倍數的所有開關，然後切換 2 的倍數的所有開關，接著再切換 3 的倍數的所有開關，依此類推，一直切換到編號是 100 的倍數的開關。（切換開關就是指把關著的開關打開，把開著的開關關上。）

　　做完之後，哪些燈泡是開著的，哪些燈泡是關著的？你看出模式了嗎？你能不能解釋這個模式？

a. 參見 https://www.cartalk.com/puzzler/cutting-holey-brownies。

2013 年 11 月 26 日

　　蘇先生你好：我叫克里斯多福・傑克森，是關在肯塔基州松節
（Pine Knot）麥克瑞聯邦監獄（United States Penitentiary McCreary）
的受刑人。我今年二十七歲，已經入獄七年多。十九歲那年我犯下一
連串的持槍搶劫，都沒有人傷亡，判刑三十二年，那時我吸食多種毒
品，染上了重度毒癮。

　　我一直偏好數學，可是年少時境遇不良，所以從來沒有好好了解
受教育的真正意義和好處。十四歲那年，我和少年司法體系的關係更
深了，因為輟學後不久，我就從監護人的家逃家，開始捲入涉及犯罪
的生活方式。十七歲那年，在個案管理員及其他支持我的人的督促
下，我拿到了高中同等學力（GED）證書，還去亞特蘭大技術學院
註冊入學，但才讀沒幾天，就重返我的犯罪生活，而且陷得更深。接
下來幾年，我一邊和毒癮搏鬥，一邊屢次進出監獄，直到犯下了我現
在正在服刑的案件。二十一歲時，起訴書上有兩項指控認罪之後，我
遭聯邦政府拘留，然後送進這座監獄，過去四年我就在這裡度過。

　　過去七年間，我對哲學、數學、金融、經濟學、商業、政治方面
的研究和書籍，產生出濃厚的興趣，過去三年我買了很多書來自修，
讓我對高中代數 I、高中代數 II、大學代數、幾何、三角、微積分 I
和微積分 II 有深刻具體的認識。

　　我人生中的絕大多數問題，都是由我的鐵石心腸，和不願聽那些
確實比我懂得更多或有權威地位的人的話造成的。即使父親缺席又去

世了，我實際上還有母親、阿姨和祖母努力好好撫養我成人。每天醒來繼續過活，我都盡量不要讓我為自己招得的眼前狀況，去決定我想看見自己所投入的愛好和未來。

我是從一本書上得知了您服務的機構，那本書的作者是在那兒教書的教授，而且我經常看的某個電視節目幾次提到您的機構。

我的收入有限，但我想知道您是否有提供課程，可以讓我透過通信的方式，從您的學校取得數學藝術學位。我知道您非常忙碌，所以我不想再占用您的時間，但要謝謝您百忙之中考慮我的問題。

克里斯多福・傑克森

∞第 2 章∞
探索

彷彿在叢林中迷了路，設法用上你所能搜集到的知識，想出一些新的技巧，

如果運氣好的話，也許就會找到出路。

——瑪麗安・米爾札哈尼（Maryam Mirzakhani）

數學的世界比某些人想告訴你的更古怪、更神奇。

——鄭樂雋（Eugenia Cheng）

　　我的朋友克里斯多福・傑克森（克里斯）是數學探險家。他受限於環境，但不受想像力的限制。他充滿好奇心，有創造力，無所畏懼，執意堅決。克里斯喜歡好問題所能帶來的挑戰。

　　過去幾年，克里斯都在旅行。他用嶄新的眼光探索數學，開始發現它和以前所學到的枯燥數學類型不同。儘管隔離在監獄中，以及隔絕帶來的難題，他對數學這門學科的認識和熱愛卻不斷增加。我有幸遠遠觀察他的轉變。

　　克里斯的生活並不安逸。他在喬治亞州奧古斯塔（Augusta）的藍領工人社區，由母親、阿姨們和外祖母共同撫養長大。克里斯對自己的父親根本沒有記憶，父親染上快克古柯鹼毒癮，後來在高速公路上發生車禍，被一輛聯結車撞上，不幸喪生，死時克里斯還不到兩歲。克里斯有受一些好的影響，母親經常唸書給他聽，把對書本的愛好灌輸給他──但他也受到了某些負面影響，這讓他在十幾歲的時候染上毒癮，還犯下他在給我的第一封信中描述的一連串案件。

　　我很謹慎看待 2013 年 11 月那封來自松節監獄的信（參見次頁圖），但也感到著迷。信是手寫的，字跡工整，行文真誠。在我的想像中，來信者是個字斟句酌的年輕人。我看不到他，我只能透過他的文筆認識他，但也許這麼一來，他的個性就更鮮明了。克里斯反省自己的坎坷過往，思考他希望看到的未來面貌，以及他透過看書自修從事數學興趣的方式，讓我深受感動。我很遺憾我任教的學校沒有遠距學程可提供給他。

proclivity for mathematics, but being in a very early stage
of youth and also living in some adverse circumstances, I never
came to understand the true meaning of and benefit of pursuing
an education. At the age of 14, I began becoming more involved

　　我和克里斯已經斷斷續續通信六年了，我們談到數學方面的共同
興趣及人生。我徵得克里斯同意，從我們的通信節錄幾段在這裡分
享，因為他的見解和經驗可進一步闡明我在書中所說的一切。這不是
關於我怎麼幫助克里斯在獄中做數學的故事，而是關於克里斯怎麼開
始用新的方式看待自己和數學的故事。他的見解和旅程給了**我靈感**，
要寫一本書來談圓滿幸福，要更徹底相信數學對每個人都有助益。

　　我是個數學探險家，我的旅程和克里斯的旅程不同，但我們兩人
都受到數學探索的魅力誘使，而喚醒想像力。小時候我喜歡星星，我
所生活的德州鄉下小鎮遠離任何一座大城市，我甚至能看見最暗的星
星。我央求父母買望遠鏡，但我們沒有錢，所以我如飢似渴讀了很多
天文方面的書籍，幻想上太空。我想當個太空人，去其他的星球，跟
新奇的生命形式邂逅相遇。這似乎很令人興奮，直到我明白航向距離
我們最近的恆星要花多久，然後想到我必須拋下的所有人。但這並沒
有阻止我繼續幻想。我靠著科幻小說來滿足自己的幻想，看一些像
《夜幕低垂》（*Nightfall*）這樣的故事看得入迷；艾薩克・艾西莫夫
（Isaac Asimov）的這個短篇小說，在講夜色終於降臨在一個有六顆太
陽的行星文明時所發生的故事。我可以在腦海中探訪這個世界。

土星反照下的土衛一（Mimas）。土星反射出的陽光照亮了這顆衛星。卡西尼環縫（在照片中的左側）是土星環中最大的縫隙。圖片由 NASA/JPL-Caltech/Space Science Institute 提供，「卡西尼號」太空船（*Cassini*）於 2015 年 2 月 16 日拍攝

　　1970 年代末和 1980 年代初，「太空探測船先鋒號」（*Pioneer*）和「航海家號」（*Voyager*）穿越了太陽系，進一步激發我童年時的想像力。史上第一次，科學家拍攝到木星衛星和土星環的特寫照片。飛抵這些行星，需要花許多年替這些無人太空船可能遇到的所有情況，不管好壞，進行具創造性的計畫。就像科學家自己在遠距離外做出發現一樣，我也可以從德州南部的小鎮，感同身受地探索這些行星。我很喜歡仔細研究報紙上刊登的「航海家號」傳回影像。

　　我們真的可以在這些星球中看到數學。土星環在土星的赤道平面環繞著這顆行星。從遠處看，土星環彷彿靜止的環帶，但這些環基本上是由大量像巨礫般大的岩石（小衛星）組成的，這些岩石主要是冰組成的，在重力的作用下繞著土星運行。1610 年，天文學家伽利略

首度透過望遠鏡觀測到土星環，他不確定它們是什麼，於是戲稱為耳朵。[1] 後來的天文學家確認這些結構是環，且環與環之間有縫隙。「航海家號」太空船讓我們看到土星環更細微的結構，例如高密度與低密度波紋的圖樣，很像老式黑膠唱片上的溝槽。

　　據我所知，土星環的某些結構可以用數學的見解來解釋。與土星距離相同的所有冰凍岩石，都會花同樣多的時間繞軌道運行一圈，這叫做軌道週期。距離土星較遠的冰凍岩石，軌道週期比較長，繞行速度也比距離較近的岩石來得慢，因為受土星重力的影響比較小。不妨把土星環想成環繞著土星的跑道，在內側跑道的人跑得比較快，跑的距離也比外側跑道上的人來得短。

　　冰凍岩石的軌道週期與土星某顆衛星的週期剛好成整數比的時候，就會發生特殊的情況。舉例來說，假設有塊岩石和一顆衛星繞著土星運行，而且衛星在外側軌道上繞一圈時，內側軌道上的岩石繞了兩圈。那塊岩石每繞兩圈，就會在軌道上的同一個位置跟衛星擦身而過。

　　這顆衛星在最接近那塊岩石的時候，對岩石的萬有引力最強大。由於這些反覆出現的拉力發生在同一個位置，所以往往會彼此強化，擾亂那塊岩石的軌道，很像你跟著鞦韆的運動同步推鞦韆，會讓鞦韆上的孩子越盪越高一樣。因此，跟土星距離同樣遠，具有相同軌道週期的所有岩石，往往會從那個軌道擺動出去。這種效應稱為軌道**共振**（resonance），而在效應非常強大時，可能會在土星環中造成縫隙。

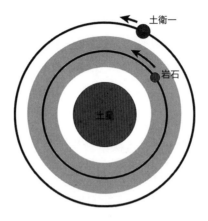

在內側軌道上繞行土星的冰凍岩石，快追上土衛一了。倘若這顆岩石始終在同一個位置擦過土衛一，土衛一的重力影響可能就會累積起來，擾亂岩石的軌道

　　最大的縫隙達 4,800 公里寬，稱為卡西尼環縫（Cassini division），是繞軌道運行的岩石與土衛一之間 2:1 共振的結果。衛星與岩石週期的其他小整數比（如 3:2 或 4:3），也可以獲得共振效應，雖然沒那麼明顯，而且通常更像波紋，不像縫隙。衛星與岩石之間的共振效應，可以解釋土星環的許多特徵。[2] 實際上我們看見的是，在這些冰凍岩石的細微軌道之舞中激起顯眼模式的數值比（簡單分數）！對於像我一樣的孩子，運用數學與想像力做一點探索，就能讓 14.5 億公里外的天體更容易理解，是很令人喜悅的。

　　數學探索非常像太空探險，只是探究的空間不一樣——數學在探索概念空間。你不知道啟程之後會發現什麼。你派出探測器去檢驗理論。謎團令你著迷，你受問題驅使，挫折沒把你嚇倒。你在遠端有了發現：概念本身不是實體的，所以你透過推理進入這個空間。探索和

理解正是做數學的核心意義。

　　很可惜，如果有人認為數學就只是算術，或是很久以前發現並確立的高深且更沉悶的東西，那麼大家就不會把**探索**或**探險**一詞和數學聯想在一起。

　　學校所教的數學讓你為未來的探索做好準備，但想像一下，倘若**現在**就可以一邊學數學，一邊探索數學的話，我們的經驗會多麼不同。你可以想像你在學習籃球規則，然後只練習罰球，卻從不看比賽，也從不上場打球，直到你準備好成為職業球員為止——你會有什麼感覺？[3] 學習可能就不會很快樂，而你現在也不會準備好。

　　探索是人類的深切渴望，也是圓滿幸福的象徵。除了頭腦，你不需要很多資源就能成為數學探險家，因此你可以從任何一個地方展開冒險，不管是監獄、鄉下小鎮，還是地球上的偏遠角落。這麼一來，在歷史上各個社會中都找得到數學探險家，就沒什麼好奇怪的了。這在大家所玩的遊戲（尤其是策略遊戲）中最容易看見，策略遊戲會產生很多有趣的數學問題。

　　Achi 是生活在西非迦納的阿善提人（Ashanti）所玩的遊戲。這是兩人玩的遊戲，棋盤上有三條橫線、三條縱線及兩條對角線。Achi 很像井字（圈圈叉叉）遊戲，但有一點不一樣。雙方都只有四個棋子，輪流擺在棋盤的九個位置上，目標是讓三個棋子連成一直線。要是所有的棋子都擺完了，還沒有哪一方的三個棋子連成一線，這時棋盤上會有一個空位，遊戲就進入第二個階段：雙方輪流把自己的其中一個棋子沿線推到空位上，只能走一步，不能用跳的。誰先讓三個棋子連

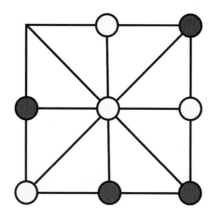

八個棋子全都擺在這個 Achi 棋盤上了，但還沒有人贏，所以雙方將輪流把其中一個棋子推到空位上，直到一方的三個棋子連成一線為止

成一線，誰就獲勝。[4]

　　這是 Achi 遊戲的標準描述，但遊戲規則還有一點含糊不清之處。[5]比方在第二個階段，要是其中一方動彈不得，沒有棋子可走，會發生什麼情況？如果雙方都很厲害（也就是不放過任何明顯的獲勝機會），就不可能有其中一方動彈不得嗎？你還必須決定，如果玩家有棋子可走的話，是不是就應該強制走一步棋。數學推理可以幫助你回答這些問題，決定哪些選項會產生更有趣的遊戲。在這些不同的版本中，Achi 遊戲可以永遠玩下去嗎？還是其中一方會有必勝策略（無論對方怎麼走，都有一套走法保證獲勝）？如果雙方只有三個棋子而不是四個，又會變成什麼情況？你能不能用不一樣的直線，自創另一種有趣的 Achi 遊戲？

　　如果你會問這樣的問題，你就是個數學探險家。你在探索這個遊戲的所有可能玩法的空間。你派出「探測船」，不斷嘗試。你不知道

啟程之後會發現什麼。你運用數學推理找出答案，就是在遠距做數學，因為你可以**不用**實際把所有可能出現的棋局下完，就知道遊戲會怎麼發展。

譬如在井字遊戲中，有個聰明的論證，稱為偷策略論證（strategy-stealing argument），可說明後下的一方不可能有必勝策略：假設她有這樣的策略，那麼先下的玩家就可以忽略他自己的第一步，假裝他是後下的玩家，然後用她的策略來回應她！如果這個策略建議走他已經走過的一步，那麼他可以把下一步放在其他任何地方——這對他來說是額外的一步，而在井字遊戲中，額外的任何一步都只會幫助玩家獲勝。雙方都可以同時強行獲勝，這件事是矛盾的，也就表示我們的假設（後下的玩家有必勝策略）是錯的。因此，先下的玩家一定可以強行取勝或平手。令人驚訝的是，我們可以透過數學推理推導出這件事，而且一盤井字遊戲也不用玩。

各個文化都在玩策略遊戲。[6] 策略思維就是數學思維，因此每個文化都有數學探險家。繼承數學遺產的最好方法之一，就是從你自己的文化歷史中找出一種策略遊戲，然後欣然接受這個遊戲所需的思維方式，用試探性的問題探究這個遊戲。

數學探索始於問題，成為數學探險家的唯一必要條件，就是要能提出問題來問**為什麼？怎麼會……？如果……會發生什麼事？**所有的孩子都會發問，但到了某個階段，有些孩子就不再問問題了，也許是因為有人告訴他們要背熟，而不是去理解。他們所受的教導是按照步驟做，而不是去探討這些步驟為什麼有用。他們開始認為，只有一種正確的解題方法，而不是去發展出自己的解法。我們一有機會，就必

須反駁「數學是熟記」的這個觀念，而且要用「數學是探索」的觀念來取代。背數學的人不知道怎麼在不熟悉的情況下做出反應，但探索數學的人可以靈活適應不斷變化的條件，因為她已經學會提出讓自己準備好應付許多情境的問題。很會教學的數學老師，知道怎麼誘導我們探索。數學老師阮芳（Fawn Nguyen，音譯）給其他老師的建議是：「要用學生提出的問題評鑑你的課程成效，而不是由他們給的答案。」[7]

　　探索會培養**想像力**的德行。為了解決問題，你必須設想新的可能性。德國天文學家克卜勒（Johannes Kepler）為了解釋當時已知六大行星的軌道距離，在其著作《宇宙的奧祕》（*Mysterium Cosmographicum*）中提出一個理論，用了六個球體，彼此間分別用五種柏拉圖立體（正多面體）隔開（並相切）：正四面體、正六面體（正方體）、正八面體、正二十面體和正十二面體。

　　這個理論並沒有真的跟數據吻合，我們現在也知道它完全錯了，但它富有想像力！腦力激盪勢必會產生天馬行空的錯誤想法，但就連錯誤的想法也會讓土壤變鬆，好的想法就能長出來。在你設法解決數學難題時，也會發生同樣的事情。除非你有個起點，否則哪裡也去不了。專業數學家之間的交談通常是這麼開頭的：「也許我們可以證明 X 或 Y。」接著他們會嘗試這條思路，然後知道這條路走不通，但嘗試本身就可以透露出新的見解。

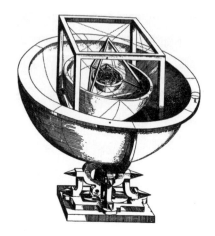

克卜勒在《宇宙的奧祕》一書中提出的太陽系模型

　　探索激發**創造力**的德行。探索的挑戰通常需要新的工具，去解決出現的問題。舉例來說，登上月球的決心產生了許多發明，如今已應用在無線工具、記憶棉、家用絕緣材料、耐刮鏡片等日常用品中。同樣的，數學基礎研究往往會在多年後有驚人的應用。為了理解質數，最後產生出密碼學方面的應用；研究紐結的拓撲理論，如今應用於蛋白質摺疊的研究；雷登變換（Radon transform）的理論，現在是電腦斷層（CAT）掃描背後的數學。[8] 任何一個有趣、精心設計的數學問題，即使很簡單，都可以延伸你的創造力。這種數學問題，好的老師都知道，好的數學謎題書上都有，數學競賽會篩選整理，數學探險家會分享。[9] 數學老師班·歐林（Ben Orlin）在他的《塗鴉學數學》（*Math with Bad Drawings*）這本生動有趣的書中，談到索然無味的問題與探究型的問題的區別。[10] 他舉了這個例子：

求長為 11、寬為 3 的矩形（長方形）的面積與周長。

　　這個問題很索然無味，原因是它把面積與周長簡化成單純的公式，但這些公式根本不會強迫你努力理解面積與周長的原始意義。他指出，在這個問題裡，「面積」並不是指覆蓋矩形所需要的 1×1 正方形的個數，而只是「兩數相乘」。這類問題做二十題，也絕對學不到什麼幾何學知識。下圖是更有趣的探索型問題：

《塗鴉學數學》書中塗鴉，由作者班‧歐林提供

　　嗯……好多了。解這個變化題，需要對矩形的性質了解得更深入，而且問題本身有趣太多了。歐林指出，你可以把這個變化題進一步變形：「做出兩個矩形，讓第一個矩形的周長恰好是第二個的兩倍，而第二個矩形的面積恰好是第一個的兩倍。」在求解像這樣的好問題時，你就會創造出自己的思考方式，開創出你自己的解題方法。這是最好的學習方式。

　　探索培養你**對魔力的期待**。發現意外事物的刺激感，讓探險家感

到興奮，特別是稀奇古怪又奇妙的事物。這就是為什麼在陌生的地形中健行會誘惑我們，為什麼無人涉足的洞穴會吸引我們，為什麼深海裡的奇怪生物會令我們著迷——還會有什麼怪物潛伏在海底？在數學的奇特發現大觀園中，也會找到類似的魔力。其中一種怪物就是**空間填充曲線**（space-filling curve）：會碰到一個正方形內每一個點的單一曲線。這種曲線雖然畫不出來，只能逼近，但數學告訴我們這種怪物是存在的。空間填充曲線雖然很奇怪，但如今已經應用在計算機科學和影像處理了。

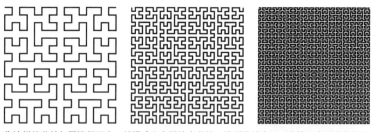

像這樣的曲線無限進行下去，就構成了空間填充曲線，這種曲線會以一次比一次更密集的方式擠進給定的空間區域。這裡展示的數學成果，就在證明有這樣的極限存在

　　另一個怪物是**巴拿赫─塔斯基悖論**（Banach-Tarski paradox）：一顆實心球可以切成五塊，居然可以重組成兩顆大小和原來一樣的實心球。你或許想知道為什麼不能用金球（！）做到這一點，而答案幫助我們理解實體的本質與實體的數學模型之間的區別：實物不能像理想化的空間那樣無限分割。如果你用探索的眼光度過一生，那麼每個新的風景都是想像稀奇事物、運用你的創造能力及發現寶藏的機會。

　　琳達・福魯托（Linda Furuto）是數學探險家，她還幫助其他人

把自己視為探險家。她在夏威夷歐胡島的北岸（North Shore）長大，用魚叉捕魚，潛水，游泳，衝浪。儘管小時候因為不明白數學的實用性而學得很吃力，但現在她可以看到數學無處不在，從海洋的動力學，到讓她待在海面下的時間達到最長所涉及的最佳化。如今琳達是夏威夷大學馬諾亞校區（University of Hawai'i at Mānoa）的數學教育教授，幫助學生了解數學與他們的文化歷史之間的連結。她告訴學生，以數學探險家的眼光看世界怎麼幫助他們了解海洋生物學與保育，用線性函數模擬如何把入侵藻類從珊瑚礁中去除，用矩陣描述海洋垃圾堆，以及二次方程式與維持有限島嶼資源的關係。她帶學生駕著玻里尼西亞航海學會（Polynesian Voyaging Society）的雙船身獨木舟「歡樂之星號」（*Hōkūle'a*），他們在船上學習夏威夷和太平洋原住民的尋路（wayfinding）傳統習俗。[11] 這種技能是在不靠現代工具的情況下航行，只仰賴從自然界和天空觀察到的線索。過去四十年來，「歡樂之星號」已經航行超過 16 萬海里，其中包括始於 2013 年的「守護地球環球航行」（Mālama Honua Worldwide Voyage），這項成績掃除了大家對這個古老習俗的可靠程度的疑慮。[12] 琳達的角色是學員領航員兼陸地海洋教育專家，她協助學生探討深藏於風的動力學和風帆力學背後的三角函數與微積分，以及這些知識為什麼比記住公式重要：

> 我認為學生知道教科書裡寫些什麼內容很重要，因為教科書有重要的資訊。然而同樣關鍵的是，我們的學生要了解並領悟，他們的祖先是在沒有任何現代導航工具的情況下，航行數千里，橫渡

太平洋；他們依靠的是太陽、月亮、星星、風、潮汐、候鳥遷徙模式等等。他們過去曾穿越海上公路，如今我們的學生也有能力在課堂內外做同樣的事情。[13]

的確，尋路人（wayfinder）是他們的社會裡的數學探險家，運用細心研究、邏輯推理和空間直覺，來解決他們在文化關頭遇到的問題。數學探險家已經成為地球各角落每個文明的一部分，而琳達看見了下面這件事的重要性：要在學生的文化史中的數學探險家，和她希望學生欣然接受的數學身分之間，畫出相連的直線。

　　你有沒有想要解決的問題？有沒有你想航行的海洋？星空中有沒有你希望了解的圖案？如果有，你就可以成為數學探險家，因為你生來就有追究和推理的能力。幻想你將發現的太陽、月亮、星星和世界。充滿想像力、創造力和意想不到的魔力在等著你。

「整除」數獨

　　數獨是一種透過探索來解決的謎題。下面這個與眾不同的版本，是由凍腦謎題網站（Brainfreeze Puzzles）的菲利普・萊利（Philip Riley）和蘿拉・塔爾曼（Laura Taalman）提供的，收錄於他們的著作《光禿禿的數獨》（*Naked Sudoku*）。[a] 沒有任何數字提示（也就是「光禿禿的」），但它有獨一無二的解法。

　　規則：在每個格子裡填數字 1 到 9，讓每一列、每一行及每個九宮格中，都有數字 1 到 9 且不能重複（普通的數獨規則）。另外，每當格

子裡的數值可整除同一個九宮格內的其中一個鄰格,這兩個格子共用的邊界就會標出⊂這個符號,它的方向告訴我們:「格子 A ⊂ 格子 B」是在表示,格子 A 的數值可整除格子 B 的數值。也有幾個「大於」(>)符號。

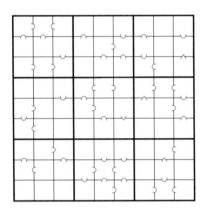

遊戲開始:也許你可以先想想哪些數字可整除其他數字。舉例來說,4 可整除 8,所以 4 ⊂ 8。另外,1 可整除 3,3 可整除 9,所以 1 ⊂ 3 ⊂ 9。數字 1 通常很容易填,因為 1 整除 1 到 9 所有的數字。

a. Philip Riley and Laura Taalman, Brainfreeze Puzzles, *Naked Sudoku* (New York: Puzzlewright, 2009), 125.

2014 年 4 月 16 日

感謝你回我的信。我覺得你非常親切寬厚，願意百忙之中抽空讀信、考慮和回信給我，我真是非常感激。沒錯，現在我還在繼續學習數學：這件事幫我打發許多時間，從近期到不久的將來及遙遠的將來，都給我一個關注的目標。它帶給我私人的樂趣和私人的希望，因為我現在知道我們只能變成自己努力奮鬥的目標⋯⋯

我的數學知識並沒有超出微積分 II 的範圍。我從來沒有讀過數論、應用代數系統這類主題的教科書。我這裡有〔一本高等數論的〕書⋯⋯我很努力讀，但是我對數論的了解不多，這個知識上的空白讓我無法從中獲得我能得到的充實。當我長大成人，成為一個沉思者，我發現自己（似乎是少數人之一）更理解抽象了。數學是科學的根基，是進一步科學發現和技術提升的基礎，所以是沉浸於抽象又具有廣泛實際影響的學科。數學的抽象及它在所有實際事物中的重要性，一直讓我對數學大惑不解並感到好奇。

克里斯

∞第 3 章∞
意義

在我看來，詩人只需察覺他人察覺不到的東西，看得比他人所見更深入。

而數學家也必須做同樣的事情。

——蘇菲・科瓦列夫斯卡婭（Sofia Kovalevskaya）

每個字都是死去的隱喻。

——波赫士（Jorge Luis Borges）

當我父親租車把家人從機場載到他在中國的偏遠農村出生地，以及我的母親準備長眠之地，我開始起疑。老舊的破車看上去跟開車的人**和**我們五個人**還有**我們所有的行李，並不相稱。當我們沿著只見山羊的顛簸泥濘小路迂迴前行，我對這趟四小時車程越發懷疑了。這是捷徑嗎？真的沒有通往這個村子的水泥柏油路了嗎？

隨後，我們駛過一段特別崎嶇不平的小路，車子的前輪滾過一個隆起，結果車身卡在隆起處，動彈不得。我們的前輪和後輪在鬆軟的泥土裡無助地空轉。我們被困住了。[1]

看起來不太妙。我們與世隔絕，在一條不太可能有車經過的小路上，和任何一個真正的文明世界距離很遙遠。天色很快就暗了，我們沒辦法在傍晚前步行幾十公里。

我們的窘境看起來不像數學問題，沒有數字，沒有符號，沒有公式，但我一直有種感覺，我的數學訓練也許幫得上忙。我回想起以前曾經看過和這個難題類似的題目，在很受歡迎的數學作家馬丁・葛登能（Martin Gardner）的一本書上。題目是這麼說的：有輛卡車卡在高架橋下，由於車流量大，無法後退，但高度又太高，所以無法前進。該怎麼辦？我記得答案是：把輪胎的氣放掉一些。這會讓卡車的高度

降低到能夠從高架橋下方通過（參見上圖）。

　　那道謎題看上去有點像我們面臨的窘境，但又有點不同——我們不是困在高架橋下方，而是卡在一塊隆起之上。也許我們可以替輪胎打氣……但很遺憾，我們沒有打氣筒。我們該怎麼辦？

　　當你開始腦力激盪，思考可能的解題策略，會有必須理解真正的問題是什麼的一刻，這時你必須剔掉不必要的元素，以便歸類這個問題，在它和你過去曾解決的一連串問題之間建立起連結。做這件事的同時，你是在努力思索這個問題的隱含意義。

　　的確，在你想要理解某件事的意義時，你總會問它與其他事物的關係。若是思索生命的意義，你就是在沉思自己在這個世界裡的位置。或者，假如是思考一件怪事的意義，你就已經選擇不要單獨考慮這件事，而是想想它的成因，或它對其他事件的影響。又如果你在查

一個字詞的意思，就會得到一個定義，讓這個字和其他字產生關聯。

阿根廷作家波赫士引用詩人利奧波多・盧貢內斯（Leopoldo Lugones）的話，說出「每個字都是死去的隱喻」時，他的意思是每個字的意義都來自某段歷史，產生出這個字的語境。舉例來說，calculus（**微積分**）這個字的原意是用來做算術的「小石子」，就像你會在算盤上看到的算珠，如今這個字是指一種複雜得多的加法；geometry（**幾何學**）一字的原意「土地測量」，如今則是指告知幾乎任何東西的量度的數學見解。字詞不是單獨存在的，每一個字都帶著來自古老卻持續存在的對話的隱喻。

同樣的，數學概念也是隱喻。想一想 7 這個數字，要說出 7 有什麼有趣的地方，你就必須讓它跟其他事物進行對話。要說出 7 是質數，就要談 7 與它的因數之間的關係；7 的因數就是能夠整除 7 的那些數。要說出 7 的二進位表示法為 111，就是讓 7 和數字 2 進行對話。要說出 7 是一個星期裡的天數，就是讓它跟日曆交談。因此，數字 7 既是抽象的概念，也是幾個具體的隱喻：質數，二進位數，以及一個星期裡的天數。同樣的，畢氏定理是把直角三角形的三個邊聯繫起來的陳述，但就隱喻上來講，它也是你所學到可闡釋為什麼它真確無誤的每一個證明，你所看到可告訴你它為什麼有用的每一個應用。因此，每當你看到新的證法，或看到這個定理有新的用法，這個定理的意義就擴大了。每一個數學概念都帶著決定本身意義的隱喻，沒有哪個概念能夠單獨存活下來──單獨生存的概念會死亡。

這就是為什麼數學像詩歌一般，可以那麼令人滿足。使用的字義越多，字詞的意義就變得越豐富，意義有細膩的差別，會喚起意象，

所以同義詞並非真的是同義詞。詩人喜歡用精確的字詞來表達意念，以此為樂。使用得越多，數學概念的意義也會變得更加豐富，每一種理解都會帶來稍微不同的觀點，這麼一來，當你用恰當的方式看待某個概念，就會有頓悟之感。

意義是人的基本渴望。我們渴望優美的詩，因為欣賞詩歌意義的豐富性。我們渴望有意義的工作，如果不渴望有意義的生活的話。我們渴望與人建立有意義的良好關係。尋找意義是充實過生活的自然表現，那為什麼我們要在學習數學的方法上退而求其次呢？

數學家龐加萊（Henri Poincaré）說：

> 科學是由事實構成的，猶如房子是用石頭砌成的；但就像一堆石頭稱不上是一座房子，事實的積累不再是一門科學。[2]

學習一堆分散的數學事實，就只是一堆石頭，要蓋起房子，你必須知道怎麼把石頭擺在一起。這正是背九九乘法表很無聊的原因：因為它們是一堆石頭。但在乘法表中尋找模式，了解為什麼會出現這些模式，這就是在蓋房子。蓋房子的人在數學方面的表現比較好；數據顯示，數學成就最低的學生，是那些運用熟背策略的學生，而成就最高的學生，是把數學視為一組互有關聯的重要概念的學生。[3]

尋求意義，就會建立起重要的德行。

第一個是**建構故事**的德行。幾千年來，人類一直在運用故事傳遞歷史或基本的真理。故事會從截然不同的事件創造出一種敘事，把聽

故事的人與故事本身和人與人之間聯繫起來。數學沒什麼不同。把概念聯繫起來，對建立起數學上的意義是十分重要的，而做這件事的人，也會成為天生的故事建構者和講故事的人。

在我受的數學教育中，經常是老師給我某個概念，要我用這個概念做習題，但不教它的重要性。我會花很多力氣弄懂這個概念，因為即使它有定義，也沒有意義，沒有和更大的故事產生關聯。然而有好幾次，由簡短有力的一句話描繪出的故事，幫助我看到了全貌。在微積分中，當有人說：「部分積分法是乘法規則的相反」，這兩個概念就都變得更清楚易懂了。在統計學上，我聽過這樣一個故事：「學統計學就是在學習當個優秀的數據偵探。」而在所有的數學領域，都有這一課：「物件本身的重要性不如物件之間的函數關係。」這個準則概括了我所說的數學意義：物件具有的意義都會受本身與其他物件的關係所影響。函數就是關係；函數是在講故事。

建構故事的方法很多。再想一想畢氏定理在說什麼：一個直角三角形（其中一角為直角的三角形）的三邊長 a、b、c 滿足下列的關係

$$a^2 + b^2 = c^2$$

其中的 c 是斜邊（最長邊）的邊長。在你建構出故事之前，這是個沒有脈絡的事實，很容易忘記。

或許你會設計一個**幾何的故事**，在直角三角形的每一邊各畫一個正方形，然後發覺這個定理就在說：兩個小正方形的面積加起來一定會等於最大的正方形的面積（參見次頁圖）。

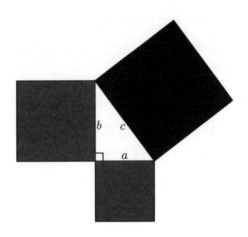

　　你也可以找個**重要性的故事**，解釋它為什麼重要：「畢氏定理是所有三角學的基礎，也是幾何學上最重要的定理之一。」**歷史的故事**會把這個定理放在歷史脈絡中：「畢氏學派給這個定理的證明，發現的時間比歐幾里得給這個定理的證明早了兩三個世紀。」

　　數學探險家喜歡**解釋型的故事**，這正是證明的真諦。次頁那張圖在示範何謂「無字證明」（proof without words）──把正方形切開，來說明畢氏定理為真的圖解。對應的切片就是大正方形的面積一定等於兩個小正方形面積和的證明方法。（你仍會想去思索，為什麼這種剖分可適用於**任何一個**直角三角形。）

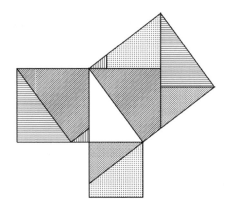

　　或許你壓根也想不到，畢氏定理有個**物理的故事**。如果你把物體的速度向量寫成運動在水平方向及垂直方向上的分量總和，就會得到一個由向量構成的直角三角形。因為速率是速度向量的長度，動能又跟速率的平方成正比，所以按照畢氏定理，沿著對角線方向推物體所需的能量，就等於先沿水平方向推所需的能量，加上再沿垂直方向推所需的能量。

　　你可以透過遊戲、探究式學習或建構物理模型，來設計一個**經驗的故事**。試試木匠用兩根木梁做出直角的技巧：因為 $3^2 + 4^2 = 5^2$，所以你可以把兩根梁放在其中一個角落，在一根梁上距這個角落 3 個單位的地方做一個記號，在另一根梁上距同一個角落 4 個單位的地方再做一個記號，然後調整兩根梁的夾角，讓兩個記號恰好相距 5 個單位。接著你就會知道，這個角是直角。

　　上述的每一個故事，都替你增加了畢氏定理的意義。故事是保留新知識的必要環節，事物在故事裡具有意義時，要記住就容易多了。

　　在「代數計畫」（Algebra Project）中可以找到運用多種故事建構來強化學習的絕佳範例；「代數計畫」是美國針對經濟機會被剝奪的社區所做的數學素養工作。這項計畫由麥克阿瑟獎得主暨民權運動人士羅伯特・摩西（Robert P. Moses）創辦，旨在提供教師一些課程和訓練，每年觸及將近一萬個學生。它運用了體驗式學習，從體驗到抽象分成五個階段：(1) 物理事件，如旅行或觀察；(2) 圖像表徵／模型化，要學生畫出這個物理事件的圖示或做出模型；(3) 憑直覺的表達／人的話題，要學生講出物理事件的故事；(4) 結構化的表達／特徵的話題，學生要找出可用數學去研究的事件特徵；最後是 (5) 符號表徵，學生要替他們的構想建立模型。請注意每個階段如何成為一種故事建構形式。[4]

　　因尋求意義而建立的第二個德行，是**抽象思考**。大家往往以為抽象就是在剝掉意義，但事實上恰恰相反──抽象會讓意義豐富起來。如果你看到兩件東西有類似的結構或行為，這些相似處就創造出一種關係，一種在你看來以前並不存在的新意義。龐加萊有句名言說道：「數學是賦予不同事物相同名稱的藝術。」（針對這句話，有位詩人打趣說：「詩歌是賦予相同事物不同名稱的藝術。」）[5] 倘若你只看過一隻狗，可能就會認為狗一定是德國牧羊犬，一旦看過好幾隻，你就會開始明白**狗**的意義比你了解的還要豐富。抽象化會幫你收集範例，弄懂比方說「狗性」的必要條件，來充實意義。在你這麼做的時候，就會看出許多不同的事物有什麼相同之處。

　　抽象思考是學習代數的主要好處之一。我們很容易陷入代數技巧

（如處理算式、因式分解等等）的熟練度，可能就不會停下來領會代數的更強大威力：培養可靈活思考，可從關係中看出模式，可用一般方法推理而同時解決許多問題的人。我們運用代數，為複利、燃燒的卡路里或擲硬幣的機率問題發展出一般式，這樣就可以用在許多不同的情境下，而不只有此時此刻面對的問題。從某個角度看，二次公式只是一個可用於解二次方程式的公式，但換個角度看，二次公式會讓許多不同的問題看起來一樣。抽象化會促進靈活的思維，這是絕大部分專業的必要能力。可推導出適用於多種情境的公式的能力，會引發出可編寫能處理任何一個輸入的靈活電腦程式的能力，或可設計適合許多不同人的建築物的能力。

　　抽象思考的技能不但會在職業生涯中產生益處，在生活的其他領域也能帶來好處。我們不用剝掉問題的無關細節，找出問題的本質嗎？我們不想從多種角度看問題嗎？我們不會因為數學而更有能力做到這一點嗎？因此當我聽到卡車困在高架橋下的謎題，我不會老想著無關的細節，比如它是一輛卡車，或者它有多重。我會去掉所有的細節，嘗試透過從許多不同的角度去思索，看看這個謎題的本質是什麼。我這麼做，也是在讓自己做好準備，能夠在未來遇到問題時，譬如車子卡在隆起處時，辨識出它和這個問題本質上是同樣的問題。

　　尋求意義的過程會產生**鍥而不舍**和**深思熟慮**的額外德行。領悟一個概念的意義，需要持續思考。這是辛苦的解題工作，你必須坐下來好好思索一個數學問題，在你這麼做的時候，腦海中就會形成關聯，建構故事去解釋你看到的模式。威廉・拜爾斯（William

Byers）在其著作《數學家如何思考》（*How Mathematicians Think*）一書中舉了許多例子，說明我們把以前所學的一些概念理所當然地視為「簡單的概念」，但如果認真思考這些概念的意義，它們實際上是非常深奧的。[6] 例如在等式 $x+3=5$ 中，左式代表一個過程（相加），但右式是個數，一個過程怎麼會跟一個數相等？同樣的，起初嘗試解這個方程式時，變數 x 可以代表**任意數**，但到頭來只有一個數：$x=2$。那麼哪個是對的：任意數或一個數？解決這些歧義，是了解算式意義的關鍵，而這需要深思熟慮。到最後，堅決帶來了喜悅。帶著先前成功追尋意義所積累的喜悅，我們培養出鍥而不舍的精神——樂觀期待進一步的回報。

因此，適當做數學的重點是追尋意義。如果沒有在你的努力中找到意義，你在數學上或生活中就無法圓滿幸福。我喜歡這個對**數學**的定義：

數學是模式的科學。[7]

但我會替這個定義加一個思考的成分，因為其中的**科學**二字讓這個定義聽起來好像我們是為了有所發現才去做數學。實際上，數學除了實用性，還有別的東西，而當我們從一個觀點轉移到另一個觀點，思考一個概念的許多意義，就會發現美。所以我更喜歡說：

數學是模式的科學，
也是銜接這些模式的意義的藝術。

我們的車子仍卡在那個隆起處。

其他人聽天由命準備在車上度過漫長一夜，我卻繼續苦思我們遇到的難題，因為我的數學堅持不讓我放棄，而這份堅持是靠著過去跟意義的搏鬥來增強的。

我的數學故事建構，把我們的窘境難題歸在「困在高架橋下的卡車」的謎題類別中。

我對於抽象化的數學偏好，已經把我們的難題精簡到最根本的核心：乍看之下像是關於車輛和隆起處之間關係的問題，但實際上是關於車輛和自身輪胎之間關係的問題。那麼，如果我們想抬高車子，但沒有打氣筒來替輪胎充氣，我該怎麼思考我們的車子和車胎呢？

洞察力就在這個時候出現。**走出車外**。

卸下五個人和行李（大約 318 公斤）的重擔之後，車子的駕駛座從隆起處移開，我們就可以把車子往前開。我們脫困了。

紅黑撲克牌魔術

　　這個撲克牌魔術在其他人看來相當簡單，但意想不到：你把一副撲克牌給一位觀眾，請她洗牌，然後牌面朝下還給你。你拿著撲克牌，然後（施展一點表演的技巧，但不看牌面）把撲克牌分成兩疊，接著說：「第一疊裡紅色牌的張數和第二疊裡黑色牌的張數一樣。」最後，請那位幫你洗牌的觀眾把牌翻開來驗證！

　　這個魔術的變法是這樣的：用一副標準的撲克牌就能變魔術，但為了縮短表演時間，最好是用牌數約 20 張，且黑色牌和紅色牌張數相同的一副牌。觀眾把洗好的牌交給你時，你要做的（但不要太明顯）只有算牌數並分成兩疊，讓每一疊的牌數相等。你明白這個魔術為什麼會成功嗎？

　　這個魔術和下面的相關謎題，出現在拉維・瓦基爾（Ravi Vakil）生動有趣的書《數學馬賽克》（A Mathematical Mosaic）中。[a] 你看得出兩者間的關係嗎？

水與葡萄酒

　　拿兩個一樣大的玻璃杯，在其中一個杯子倒入半杯葡萄酒，再在另一個杯子倒入半杯水。現在從第一個玻璃杯舀出一匙葡萄酒，放進第二個玻璃杯，然後攪拌一下。先不用擔心葡萄酒攪拌得多均勻，只需要從第二個玻璃杯舀一匙混合液放進第一個玻璃杯。

　　請問是水杯裡的葡萄酒比較多，還是酒杯裡的水比較多？

a. Ravi Vakil, A Mathematical Mosaic: Patterns & Problem Solving (Burlington, Ontario: Brendan Kelly, 1996).

2018 年 8 月 9 日

　　當你談到「用模式製造意義的藝術」、「數學的藝術本質」、「模式中的意義」創造出意義、讓符號代表某種東西及「選擇觀看的方式」，這些彷彿就像是富有詩意的數學觀看描述方法。這正是我想觀看描述數學的方式，這種方式跟我的經驗產生共鳴，因為我多少可以看到一點。英國數學家談到傅立葉時，說「傅立葉是一首數學詩」，這正是我的一部分目標，要觀看、理解、描述數學詩。不只有主要在數學方面，還要涉及我怎麼看待各個生活領域。我認為自己明白你所說的。就像西洋棋的創生，我們拿起符號（棋子），賦予它們或在它們身上創造意義（規則），然後觀看它們之間的關係和相互影響，而這些關係和相互影響又在它們之間創生出世界或環境。或者也像非歐幾何的創生，它的符號和意義創造了自己的世界或環境。

克里斯

第 4 章

遊戲

遊戲玩樂有可能帶來狂喜。

——馬丁・布伯（Martin Buber）

誰先提出一個概念並不重要，重要的是這個概念能有多大的進展。

——蘇菲・熱爾曼（Sophie Germain）

在呼吸到生命中的最初幾口氣，必需的基本需求滿足之後，寶寶開始透過遊戲認識她周遭的世界。她咿咿呀呀，等著父母咿呀回應。她動個不停，腿踢來踢去。她把手指放進嘴巴裡，從兩個角度探索奇怪的感覺：她的手指和嘴巴。她受到好奇心的驅使，而不是受需求驅使。透過一呼一應、行為模式的探索和視角的變化，她一邊嬉戲一邊探查周圍的事物。她開始展現數學的遊戲方式。

隨著她長大成人，她對於遊戲的渴望改變了，變成共有的了，開始影響她學習、工作、與他人互動的方式。這份渴望開始具有文化的表現力，以各種方式表露出來，像是運動遊戲、音樂遊戲、文字遊戲、益智遊戲。遊戲的各方面遍布在幾乎所有的人類活動之中：跳舞、約會、手工藝、烹飪、園藝，甚至像工作和行業這樣的「嚴肅」活動。的確，文化歷史學家約翰・郝津哈（Johan Huizinga）認為，遊戲對於決定文明社會的典型活動，如語言、法律、商業、藝術甚至戰爭等等，有很大的影響，這些活動都有源自遊戲的要素。[1] 作家卻斯特頓（G. K. Chesterton）也有類似的說法：「或許可以合理斷言，所有人類生活的真正目的就是遊戲。」[2]

遊戲是人類的深切渴望，也是圓滿幸福的象徵。

那麼，遊戲是什麼？遊戲很難定義，但它有幾個獨特的性質。如果遊戲是為了樂趣或消遣而從事的活動，那就應該是**好玩的**，只不過，這個定義並沒有告訴我們為什麼遊戲好玩。嬰兒很愛玩躲貓貓，但為什麼會愛玩？

遊戲的其他特徵對它的本質提供了更多解釋。比方說，遊戲通常是**自發的**。你若逼我在鋼琴上一遍又一遍彈音階，這或許是很好的練

習，但我不會覺得有趣。遊戲是**有意義的**，否則我們不會去玩。遊戲遵循某種**結構**。想想比賽規則、音樂和弦的編排，或躲貓貓的模式。遊戲身處於那個結構內部的**自由**之中，就像比賽時選擇戰略、音樂的節奏、魔術方塊的轉法，或玩躲貓貓逗嬰兒時我會在哪裡露臉。這份自由引發出某種**探索**，像是尋覓魔術方塊的破解法、打美式足球賽，或爵士樂裡的即興演奏。探索往往可以帶來某種**驚喜**，如解開魔術方塊、「躲貓貓」、歡快的音樂即興樂段、令人滿足的文字遊戲雙關語，或足球賽終場前的緊張刺激對戰。動物當然也會玩耍，但人類的遊戲有個特點，就是創造力和**想像力**發揮了更大的作用。

正如郝津哈提到的，遊戲經常把參加者從日常生活中拉開，放進「具有自身性格的暫時活動範圍」。[3] 兒童玩「扮演」遊戲；成人圍坐在一起打牌；舞動的數字抓住我們三分鐘的注意力。如果借用音樂術語，我們也許可以把遊戲描述成生活交響曲中的**間奏**，或借用電腦運算概念來說，就是生活例行程式中的**副程式**。這個間奏或副程式建立起自己的生存世界，令玩遊戲的人著迷，而暫時**全神貫注**或集中注意力。基於這個理由，遊戲有時候感覺就像逃避。在最好的遊戲形式中，玩遊戲的人**不會**因為表現而**互相嘲笑**，他們會**互相尊重**，**給彼此**遊戲的**擁有權**，而且**對於遊戲結果沒有長期的利害關係**——在遊戲時也許會在乎輸贏，可是下週就無所謂了。

數學把心智變成它的遊樂場，好好做數學就是在玩某種遊戲：把探索模式時出現的概念，好好玩個痛快，然後培養出對事物原理的好奇心。數學不是在熟背步驟或公式，起碼這不是你的起點。運動也是如此；在（美式）足球上，除非你想參賽，否則你不會經常訓練，不

過你可以從遊戲的樂趣開始。

循環遊戲

　　既然我們在思考遊戲，那就來發明並探索一個新遊戲吧。找個朋友來玩這個遊戲。畫出下面這個由點和邊構成的起始圖，其中的三角形區域分成三個較小的三角形，稱為**格子**。

　　玩遊戲的人按照下列的規則，輪流在圖中的一條邊標上箭頭：每條邊只能放一個箭頭，而且不能讓任何一點變成匯點或發源點。**匯點**是指所有相鄰邊上所標的箭頭都指向它的點；**發源點**則是所有相鄰邊上所標的箭頭都指離它的點。匯點─發源點規則的意義就是，有些邊可能會在遊戲過程中變成無法標箭頭。

起始圖

循環格

不能變成匯點或發源點

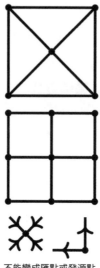

不能變成匯點或發源點

　　這個遊戲的目標是要構成一個**循環格**，即周圍的箭頭以順時針或逆時針方向循環的格子。完成循環格或能走最後一步的一方獲勝。

　　這個遊戲玩一段時間之後，看看你能不能想出有必勝策略的是先玩還是後玩的人。接下來，在上面這些圖上進行循環遊戲；要注意，格子不必是三角形的。

　　我才剛發明了這個遊戲，在寫這段的時候，我不知道以前有沒有人發明或研究過這個遊戲，所以有很多允許討論的問題，而我也在邊玩樂邊探索這個遊戲，就跟你一樣！

　　我在年輕時，第一次接觸到把末位數為 5 的兩位數平方的絕妙速算法，這個速算法很容易心算。如果你很好奇，或許可以想辦法弄懂這是什麼樣的速算法。知道有你沒想到要注意的模式存在，你可能會

感到意外，不過，經驗豐富的數學探險家會開始期待魔力，相信模式無處不在，等著人去發現。縱容你的好奇心，試試幾個例子！

　　做數學就像你在學習任何新概念時的情形一樣，是在把玩新的概念。就連職業數學家的研究計畫，剛開始也是玩樂式的探索：思考模式，把玩概念，探討何者是真確的，欣賞沿途出現的驚喜。在合作研究中，如果有人開頭出錯了，不會引來批評指責；事實上，這正是探索的一部分樂趣。數學探險家不只從事目前就能應用的問題，還會去追問沒有長期利害關係，但本身很令人感興趣的問題。數學裡甚至有一整個領域，叫做休閒數學（recreational mathematics）。還有哪個學科之下細分出一個休閒的分支領域？（我猜可能有「休閒化學」，不過你大概會避之唯恐不及。）

　　數學遊戲展示了遊戲特徵的幾個細微改良。數學遊戲是自發的，但受到強烈好奇心的驅使，這份好奇心是透過實踐培植出來的，就很像你越了解某個新的遊戲，就越想玩。最熟練的數學遊戲擁護者，會看出新的概念，感覺到躍躍欲試的衝動。數學遊戲的結構與自由，當然會遵循數學的法則。在這之外，數學遊戲的慣例往往發生在數學探索的兩個階段。

　　第一個階段是探究的階段，探險家會**探討模式**，然後運用**歸納推理**，從特定的情況提出一般的宣稱結果，這些稱為猜想（conjecture）。遊戲的結果經常會產生有趣的模式，舉例來說，如果去探討末位數為5的兩位數的平方，你會發現：

$$15^2 = 225$$
$$25^2 = 625$$
$$35^2 = 1225$$
$$45^2 = 2025$$

在數學教育中，很流行讓學生看某個數學物件，然後問他們：「你們有沒有注意到什麼？想知道什麼？」從我們剛才算出的平方數，你們有沒有注意到某個模式？

這樣的問題促使我們更深入思索所看到的事物，開啟了可在探險家和數學之間進行的豐富對話。我喜歡保羅‧拉克哈特（Paul Lockhart）在《一個數學家的嘆息》（*A Mathematician's Lament*）書中說的一句話：「創造假想模式最神奇的地方就是這個：這些模式會回話！」[4]

這種對話是很多其他遊戲類型中找到的一呼一應的變化形式，也就是一個動作會產生一個反應。譬如在爵士樂之類的音樂形式中，會聽到不同樂器間的相互應答，或部隊行軍時，領頭者先大聲唱一句，他的小隊再跟著答唱，或是在網球賽的來回相持對打中，或在寶寶咿咿呀呀和爸媽的回應之中。

數學遊戲中的一呼一應，是數學大聲呼喚探險家並問道：「你有沒有注意到什麼？想知道什麼？」而探險家回報自己的觀察：「平方數的末位數始終是 25。我想知道 2、6、12、20 這些數有什麼共同點。」這種對話還會再發生幾次，直到探險家觀察得夠多，能提出一個宣稱為止。比方說，你看了一連串的平方數之後，可能會很開心地回答：「我看出模式了！」如果是這樣，你就提出了一個猜想。

接著，一呼一應的方向會反過來，探險家嘗試運用一個例子來檢驗她的宣稱，數學則會用證實或反駁這個宣稱的方式來回應。舉例來說，在平方數的問題中，一旦有個猜想待檢驗，你就會向數學呼喚說：「請讓我看 55^2」（對了，禮貌在這裡是很恰當的），然後數學會回應：「3025。」你會檢查一下自己的想法成不成立，接著再試一次：「現在請讓我看看 65^2。」而數學又會回應：「4225。」

這個循環可能還會發生幾次，探險家才能判定她的猜想是完美無瑕的。在這個過程中，她也許會明白某個概念的重要性，用一個定義闡釋那個想法。你看，在數學遊戲的間奏中，她具備建立新規範的本領與創作自由。

因此，數學遊戲猶如嬰兒發出咿呀聲，想要聽到回應。數學遊戲好比牧師講出真理，等信眾應答「阿門」。數學遊戲宛若比賽中迎戰新對手的網球選手，試探幾球看看對方如何回擊。

數學探索的第二個階段是說理階段，提供一個證明或數學模型來展開**演繹推理**，為一個猜想提供合乎邏輯的解釋；所謂的證明或數學模型，就是把所發生的事情用數學語言描述出來。這個階段有幾個老套的數學遊戲形式。若要說明某個敘述是對的，數學探險家可能會嘗試所謂的**歸謬證法**（proof by contradiction），先假設原敘述是錯的，然後推論出自相矛盾的結果，這就排除了原敘述為假的可能性。若要說明一系列的所有敘述全是對的，經驗豐富的數學探險家可能會嘗試**數學歸納法**（proof by induction），也就是從一個敘述為真，遞推出下一個敘述也為真，就像第一塊骨牌推倒之後，整條骨牌也會一一倒

下。一套像這樣的數學證明開局步驟，就好比西洋棋中的一套開局走棋法，會讓你有很順利的開始。

至於數學模型，有個很有用的數學遊戲模式是去簡化假設，也就是在改變你的遊戲範圍，讓問題更容易解決。舉例來說，如果要建構讓咖啡變涼的數學模型，有經驗的數學探險家可能會先做一些跟咖啡和冷卻速率有關的簡化假設，因為他了解，雖然簡化有可能無法描述問題的全貌，卻會保留最主要的特徵。

數學遊戲的另一個模式，是它要你改變視角，換個觀點思考問題。有一次我跟著旅行團走進漆黑的洞穴，我們的導遊要我們關掉提燈，沒有光線，只有聲音，像蝙蝠般體驗這個洞穴。我發聲大喊，想聽聽回聲。這種官能上的轉換，給了我感受洞穴的新方式。在數學遊戲中，改換視角是解題過程的必要特質，假如你換個方法探究一個問題，從不同的觀點觀察，就會注意到問題的不同層面，也會有找出答案的多種策略。正因如此，數學家有時會隨手亂畫，畫圖表示複雜的關係，即使他們所思索的問題沒有任何空間成分。要不然，他們會選個不同的記法或定義。正如我有一位學生曾經注意到的：「選出很好的記法或定義，就像指定你打算用這個素材進行哪種對話。」改變觀點的能力，讓老師能夠用多種方法把同一個概念解釋給別人聽。

因此，數學遊戲有如西洋棋士從經驗快速搜索出開局讓棋法；數學遊戲好比獵人從箭袋挑出合適的箭；數學遊戲好似廚師替他烹煮出來的菜色選個相得益彰的香料。有些選擇比別的好，但許多選擇都可以，會做出不同的菜餚。

猜想的反應是順從這些策略，或是以阻礙與新的挑戰作回應。數

學探險家的創造力在這裡會受到考驗，因為她必須從自己的武力裝備不斷拿出武器，對自己的猜想可能要抵抗的阻礙作出反應。

我們已經談到數學探索的兩個階段，但實際上這些是人為的區分，因為當第二個階段完成，證明或模型已確立之後，會產生出新的問題，暗示有新的事情要證明，或是模型有細微的改良要去探究。因此，把探索視為從一個階段到另一個階段再回到第一個階段的連續循環，可能會更恰當。[5]

我們可以回到「找出速算法求末位數為 5 的數的平方數」這個問題，來說明數學遊戲的循環。一有受過充分考驗的猜想，你就能進入第二個階段：嘗試證明**為什麼**這個速算法有效。若知道一點代數，也許你就會看出末位數為 5 的數都具有 $10n+5$ 的形式（n 為某個數），而可以替這樣的數寫出通式。現在要來看看，把它平方之後會發生什麼狀況。你的算式有沒有證實你的猜想？如果有，你就證明了這個速算法對**每一個**末位數為 5 的數都有效。我會把它留給你證明，讓你有機會自己做出發現。

我跟你不同，沒有人給我機會自己探索、發現這個招數；有人直接證明給我看了，所以我沒辦法體驗豁然開悟的一刻。很多時候，我們把數學當成你**告訴**別人的事情，儘管法國哲學家暨數學家布雷·巴斯卡（Blaise Pascal）提醒過我們：「人通常比較容易受他們自己發現的原因說服，而不是他人想到的原因。」[6]

對我來說，學這個很酷的平方速算法，是進一步探究遊戲的起點。我開始感到好奇：如果末位數是 5 的數的平方數末兩位為 25，

那麼末兩位是 25 的數有什麼性質可說？如果你決定接受挑戰的話，有個小挑戰就是想出規則，然後提出證明。

第二個觀察又更有趣了。如果把末兩位為 25 的**相異**兩數相乘，得出的結果的末兩位永遠會是 25。這可以說是很棒的性質，我們不妨給它一個名字。數學遊戲好玩又有創造力的一面就是，我們有機會替自己在數學世界裡發明的概念命名。

我們就把一個數的末位數字稱為**數尾**，若帶有某數尾的兩個數的乘積也都有此數尾，則稱它是**頑強**的數尾。所以說……25 是個頑強的數尾，這就引出了下面的問題：

還有哪些頑強的兩位數數尾？

你會注意到這個問題陳述起來多麼容易，這是因為我們已經做了很好的定義。經過一番摸索 [7]，你會找到四個頑強的兩位數數尾：

> . . . 00
> . . . 01
> . . . 25
> . . . 76

你大概已經猜到 . . . 00 是頑強的數尾（為什麼？），不過其他幾個就沒那麼顯而易見了。得知數尾是 76 的任意兩個數的乘積，數尾也會是 76，讓我大感意外。那麼三位數的數尾有哪些是頑強的呢？我

是否需要檢查所有 1,000 個三位數的數尾，才能找出答案？（提示：
不需要。）同樣的，你只會找到四個：

. . . 000
. . . 001
. . . 625
. . . 376

　　四位數的頑強數尾有哪些？五位數的頑強數尾有哪些？

　　在我慢慢探究這一系列問題的過程中，獲得的每個答案都很令我
驚訝。不管數尾的長度有幾位，似乎只有四個頑強的數尾「延續」前
一個長度的模式。就這樣，

. . . 625

引出

. . . 0625

一個四位數的頑強數尾，這又引出

. . . 90625

一個五位數的頑強數尾。如果繼續做下去，你會發現

　　. . . 259918212890625

是唯一末位數為 5 的 15 位數頑強數尾。這是個沒有開頭的神祕數串的撩人數尾！我感到數學世界透露出自己的隱藏之美。

　　把其他的頑強數尾長度加長時，會發生什麼狀況？如果你想要摸索，又不希望別人告訴你答案是什麼，就不要讀這句話的書末注解說明。[8] 儘管去嘗試。我的發現有趣極了，結果我把所有的 15 位數數尾都算出來，然後又問了一個問題：這些數尾之間有什麼關係？

　　我坐下來盯著看了許久。

　　突然間，我看到一個模式了！（對了，你不用算到 15 位數就能看出這個模式。）我肅然起敬，彷彿宇宙打開了，讓我看到某個深奧的東西。我想知道是不是還有其他人看過這個東西，我想與人分享我的興奮感。這是令人興奮又漂亮的模式，但也很不可思議！我不知道它為什麼是對的，不過我感覺它**一定**是對的。

　　直到幾年後，我在大學裡修了數論課，學到中國餘數定理，這個模式才洩露自己的祕密。我終於能理解為何會有模式，而且還證明了這個模式。隨後我也得知，其他人已經研究過頑強數尾了 [9]，不過這不要緊，遊戲的樂趣就在看這些概念能有多大的進展。

　　你不必懂數論，就能讚嘆所發生的事。只要注意到模式，問**為什麼**，你就是在參與數學遊戲。你已經脫離了你在這世上的節奏，讓自己全神貫注於單獨的間奏中，這段間奏對你的鍥而不捨予以回報，用

驚喜、歡樂、與真確事物的更深切連結演奏著。你在新的層面獲得了一些能力，會幫助你以新的方式成長。

　　你看，適度練習數學遊戲所培養的德行，可讓我們在各個生活領域圓滿幸福。

　　舉例來說，數學遊戲建立起**樂觀態度**，在一個問題上琢磨得夠久，就是在發揮最後會解開問題的希望。這種樂觀的經驗，會延續到我們努力解決的其他難題上。數學遊戲會在你摸索的過程中培養出**好奇心**，讓你**聚精會神**，這是一種避開日常生活的干擾，極令人愉悅的專注。西蒙‧韋伊說：

> 如果我們沒有幾何的天分或喜好，並不代表我們不能靠思索問題或研究定理培養出專注力。相反的，這幾乎是一種優勢。[10]

　　數學遊戲會建立起**努力拚搏的信心**；你知道拚搏是什麼感覺，因為你習慣且樂於接受拚搏，而且明白如果努力讓你大傷腦筋，那麼就是一種受歡迎的心智活動。數學遊戲會培養**耐性**，讓你有等待解答，可能要等好幾年才看得到結論的自制力。數學遊戲可以培養**毅力**，就像每週練踢足球可以鍛鍊肌肉，讓我們更有力氣迎接下一場比賽，每週研究數學，儘管沒解開眼前的問題，還是可以讓我們更有能力應付下一個問題，不管下一個問題是什麼。

　　數學遊戲可以培養出**改變視角的能力**，從許多觀點看同一個問題，還能培養出促成社群的**真誠相待**；和其他人分享探討問題的苦樂

時，你也會開始用不同的眼光看待他們。這幾個是我們透過數學遊戲培養出的最重要德行。

遊戲被破壞時，真誠相待也是最容易敗壞的德行之一。舉例來說，過分強調成績可能會招致不良的好勝心，提高利害關係可能會破壞遊戲的樂趣和真誠程度。遊戲的崇高性，也有可能被出自傲慢、論及誰能玩遊戲的排他性給破壞。

數學家哈第（G. H. Hardy）寫過一本替數學辯護的名作《一位數學家的辯白》（*A Mathematician's Apology*），這本書生氣勃勃，不時還很有效果。[11] 然而在書中，哈第似乎把數學成就捧為數學家最重要的目標，重要到他嘲弄「平凡的」問題，還把他自己的數學貢獻的平凡評判了一番。對我而言，這是錯誤地過分強調做數學的利害關係，從理應非常好玩的活動中拿走了樂趣。

如果我們把數學視為好玩的運動，而不是講求表現的運動，我們就會用截然不同的方法教數學。

針對數學競賽有一番微妙的對話；數學競賽就是一種數學遊戲，透過解題的共同經驗來激勵社群。我知道有些人質疑這種競賽的價值，我也可以理解他們為什麼會質疑。這樣的盛會有時候會助長不良的好勝心，尤其是在競賽設計不佳，或它獎勵的是速度（一種計算技能，不是數學能力）而非獨創力的時候。再者，有些人對數學的喜好可能比較廣泛，但數學競賽吸引到的這類人通常不多，有的人甚至未曾受邀。這有個令人尷尬的影響就是，大眾會認為獲勝就代表「數學很好」，這是一種很奇怪的聯想。想一想根本沒興趣或從沒嘗試跑百米賽跑的天才運動選手，把百米賽跑稱為「運動競賽」，並把跑第一

的人奉為「體育很好」的最佳選手，是很愚蠢的事。

　　儘管如此，我還是看到設計得很好的數學競賽帶來了許多好處。我看到那些都熱愛有趣問題的孩子，第一次建立起社群與友情，在這些社群中，他們不會因為自己可能擁有的怪癖受人取笑或感到羞愧，他們受到社群裡所有的人的真誠接納。如果他們處理的問題很有趣，在這些剛結識的朋友接下來討論他們的想法時，數學遊戲就會繼續進行下去。

　　2016 年，有一支美國代表隊在國際數學奧林匹亞競賽蟬聯第一，這對美國隊來說是引人矚目的成就，因為在 2015 年之前，美國隊已經二十年沒奪金牌了。比較少人注意到的是，帶領美國隊的數學家羅博深（Po-Shen Loh）廣邀其他國家的代表隊和他們一起集訓準備。他以社群而非競爭為優先，他重視共同解題的樂趣。這個舉動讓新加坡總理印象深刻，還為這種不尋常的合作向歐巴馬總統公開致謝。[12] 獲勝的重要性不如享有真正的數學遊戲精神。

　　我們可以透過人類對玩遊戲的深切渴望，吸引我們自己和其他人來親近數學，因此，遊戲在數學的學習中應該要扮演很重要的角色。人人都可以玩遊戲，都喜愛玩遊戲，都能在數學遊戲中得到有用的經驗。就像柏拉圖所說的：「那麼朋友，別用強迫的方式讓孩子繼續學習，而是要透過玩耍的方式。」[13]

　　有很多方法可以讓數學遊戲在你自己的學習經驗中變得很重要。在你的周遭尋找並期待看到模式。每當你碰到模式，就開始提問。倘若有人給你一個問題，先試試看，感覺一下，再去尋找答案。每當你成功解開一個問題，要練習問可讓你進一步研究的後續問題。在你的

身邊建立起社群，不管是在家裡、教室裡還是朋友圈，一個會重視有趣提問的社群。如果你是父母或老師，也許會覺得這件事很可怕，因為這些活動有可能引出你回答不了的問題，然而這正是模擬出誰是探險家的一部分：你不一定會知道答案，但你會知道怎麼強調並培養出透過數學遊戲建立起的德行，這些德行將幫助其他人找到他們在尋找的解答。

遊戲是我們身為人類的根本，對遊戲的渴望可以誘使每個人做數學，享受數學的樂趣。

幾何謎題

這三個重疊的矩形是全等的（大小相等且形狀相同），面積都是4。圖中的黑點標示出短邊的中點。三個矩形的邊線相交於正中央的一點。這個圖案覆蓋的總面積是多少？

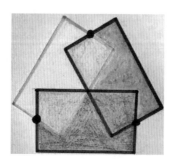

這個漂亮的謎題，是英國劍橋的數學老師卡翠娜‧謝勒（Catriona Shearer）設計的，並提供使用。她喜歡構思像這樣的幾何謎題，這些題目在推特上非常受歡迎。她的嗜好是從一次探險開始的！她說：

　　我去蘇格蘭高地度假，可是忘了帶保暖外套，結果我待在室內的時間比朋友還多！我一直在隨手亂畫「我想知道能不能算出……」這類的東西。

　　我沒想到這會變成一種嗜好，不過它會讓人有點上癮……

　　剛開始就只是隨手亂畫。最後我會畫出滿滿一整頁以不同角度相互重疊的正方形，或是在不同區塊畫上陰影的（近似）正五邊形，然後看看有沒有什麼漂亮的數學藏在裡面，譬如長度或面積之間的關係。[a]

a. 參見 "Twenty Questions (of Maddening, Delicious Geometry)"，2018 年 10 月 3 日，班・歐林在部落格「數學配上爛插圖」（*Math with Bad Drawings*）與謝勒進行訪談的內容，https://mathwithbaddrawings.com/2018/10/03/twenty-questions-of-maddening-delicious-geometry/。

有雷慎入：克里斯在這封信中解開了（第 1 章）「切布朗尼蛋糕」謎題，如果你不想看到解答，請直接跳到最後一段。

2018 年 1 月 28 日

法蘭西斯：

　　這次我相當確信我解開了你給的題目。起初看來，這道題目是有附帶條件的，我把另外兩個有附帶條件的答案寫在下面……

　　2(a). 如果大小兩塊長方形沒有共同的中心點，但大長方形的其中一條對角線與小長方形的中心點相交，那麼沿著大長方形的這條對角線切就行了。

　　2(b). 如果小長方形的中心點跟大長方形的兩條長邊距離相等，那麼切過小長方形的中心點橫線就是答案了。

　　不過我後來開始想直線的斜率、小長方形內的三角形、三角形的面積、斜邊長、兩股長、SAS 全等、距離，還有兩點間的距離決定一直線，以及可畫出一條直線通過任兩點。

　　突然我的腦中閃過下面這個念頭。

　　3.（通解）：簡單說，通過小長方形中心點與大長方形中心點的斜線就是答案了。

　　這是個很好的問題：它富有教育意義，而且可以提醒你想一想你

已經知道的東西。我寄出我的第一個答案之後……忽然意識到我的答案有一部分不完全正確，我感覺到怎麼讓我的答案更正確，但那顯然會讓它過於複雜。謝謝你督促我找出更好的答案。

　　　　　　　　　　　　　　　　　　　　　　　　　　克里斯

∞第 5 章∞

美

渴望數學洞察力，以及從數學洞察力獲得滿足感，

讓這門學科接近藝術的境界。

——歐嘉‧陶斯基－托德（Olga Taussky-Todd）

為什麼你想和別人分享美的東西？

原因是他〔她〕將得到樂趣，而在傳遞的過程中你會再次欣賞到它的美。

——戴維‧布萊克韋爾（David Blackwell）

在我讀大學的時候，通識教育的其中一項規定是要修一門藝術課。我承認當時我對藝術提不起勁。有朋友提議我們去修「建築賞析」，因為課程很輕鬆，而且大部分的時間可以坐在涼爽昏暗的講堂裡，看看圖片。我沒想到自己會受到激發，然而在許多方面，這份經驗改變了我的人生。教授帶我們參觀了美麗的建築，協助我們領會這些建築為何那麼受人推崇。有的顯然是傑作，有的經過了一段時間，大家才懂得欣賞。我開始看見形式與功能之間的關係，我開始看出歷史上的趨勢。我開始認清自己喜歡什麼，不太在乎什麼，並了解原因何在。我開始重視圍繞著建築之美的文化與背景。

自從修了那門課，我不再用同樣的眼光看一棟建築物。現在我經常能夠看著一棟建築物，說出它建於哪個年代，我可以想像建築師當年設法實現的構想。我記得我初次走過哈佛校園，看到賽弗樓（Sever Hall），儘管以前從未看過，卻能一眼認出它出自建築師理查森（H. H. Richardson）之手的那種感覺。這是因為我已經意識到建築之美，因此會有豁然開悟的一刻。

菲爾茲獎（頒給年輕數學家的世界最高榮譽）得主米爾札哈尼曾說：「數學之美只會對更有耐性的追隨者展露出來。」[1] 她提到，數學之美有時候需要一點時間才會展現。正如建築有時需要一番努力我們才有辦法欣賞，數學之美有時候會向有耐心的追隨者慢慢顯露它的宏偉。

不過，數學也會向數學探險家閃現自己的美，讓她突然看到苦思已久的問題的漂亮解法。在豁然開朗的那一刻，拼圖的所有散塊拼湊起來了，一切變得清楚明瞭。就如我初次看到賽弗樓的經驗，數學頓

悟正是一眼認出深奧事物的那股興奮感。

我相信你們很多人都經歷過數學之美,只是毫不自知,那就像你欣賞周遭的建築物,但沒看得更深入,只看到了建築物的功能,卻沒欣賞建築形式。我也明白有些人以前可能從沒看過建築,那也沒關係,對你們來說,也許要先花些時間去熟悉,再判斷自己欣賞哪些建築。所以說,如果你真的不曾見識數學之美,我會幫你理解什麼是數學之美,協助你用數學探險家的身分擁抱這個世界。

普天之下,皆渴望美,我們當中有誰不愛美好的事物?美不勝收的夕陽,優美絕妙的奏鳴曲,意境深遠的詩,啟迪人心的想法。我們都受到美的吸引,我們都愛上了美,我們一直在談美,我們設法創造美。美是人類的基本渴望,美的表露是圓滿幸福的特點。

美也透過許多形式出現在數學裡,但比較不受賞識,因為很多人還沒有機會感受,或是他們感受過,但沒把這種感受和數學聯想在一起。不過,數學探險家與專業數學家通常會舉出美,來當他們從事數學的主要原因之一,甚至有一項研究顯示,數學家對數學之美的反應,就類似其他人對視覺、音樂或道德之美的反應,大腦處理情緒、學習、愉悅、獎賞的區塊活化了。[2]

因此,倘若你享受過一次夕陽、一首奏鳴曲或詩歌的樂趣,難道不會想嘗試感受一下數學之美?這是你觸手可及的。

許多人嘗試定義美的一般本質或描述其特徵,美學家一直在爭論,它多大程度上是主觀的(依據觀者)還是客觀的(依據被觀賞主體本身具有的特質)。我不打算在這裡化解這個爭論,因為對我來

說，承認它不完全是主觀或客觀就夠了。一方面，我們無法否認每個人的品味都不一樣，文化影響了大家的審美觀；另一方面，數學之美具備了數學家普遍同意的特性。很多人設法寫下像這樣的清單：其中，數學家哈第認為一個數學想法之美往往在於它的「嚴肅性」，以及它的出乎意料、必然性與惜字如金；哲學家哈羅德‧奧斯朋（Harold Osborne）調查了談數學之美的著述，並把所選定的特質概括為秩序、一致、清晰、優雅、明確、顯著、深度、單純、周全和洞察；數學家拜爾斯在其著作《數學家如何思考》一書中，提出非常充分的理由，說明模稜兩可、矛盾與悖論是數學的重要特徵，而且對一些人來說是美的。[3] 不過，為門外漢列舉美的特性，就好比舉溫度、口感或酸度來解釋好吃的壽司的誘惑力。

要把你可能沒體驗過的事物講給你聽，譬如向從沒看過顏色的人描述彩虹，或許就像一件希望渺茫的任務，但事實上，盲人會把顏色和其他的感覺或情緒聯繫在一起，來嘗試「感覺」色彩。因此我並不接受數學家保羅‧艾狄胥（Paul Erdős）的悲觀思想，他在解釋數學之美時說過一句名言：「就好比你問為何貝多芬的第九號交響曲很優美，如果領會不出為什麼，那麼也沒有人能告訴你。」[4]

我會試試看，但有別於其他人詳細闡述數學之美的方式，我想把重點放在美的**體驗**上。秩序、明確或優雅帶給你什麼**感覺**？

我可以想到四種數學之美。

第一種，也是最容易感受到的一種數學之美，就是**感官之美**。這是具有模式的物件讓你靠視覺、觸覺、聽覺體驗到的美，這樣的物件

可能是自然的、人為的或虛擬的。沙丘上令人驚豔的波紋，寶塔花菜（Romanesco cauliflower）上的碎形圖案，斑馬身上的條紋，都是數學法則產生出來的。音樂是一種聲波模式，會製造出感官之美的感覺，每個文化裡的藝術品，包括圖案在內，有時是運用複雜的數學概念創作的；拼布圖案風靡全世界，伊斯蘭藝術的繁複幾何設計特別出名。曼德布洛特集（Mandelbrot set）是一種絢麗的幾何物件，不管放大到多大都有相似的美，在 1980 年代，個人電腦的運算能力強大到把它做成螢幕保護程式之後，它就喚起大眾的想像力了。

　　感官上的數學美感，好似大自然喚起的感覺，你感受到喜樂，如同走過一片美麗的森林時的感覺，你開始尊重你看到的秩序和模式，你會注意到小細節，你的心靈平靜下來了。如果你去過巴黎聖禮拜堂（Sainte-Chapelle），沐浴在穿透過彩繪玻璃的陽光拼成的瑰麗圖案中，你就會明白我在說什麼。建築與音樂有身當其境的數學本質，所以能增強感官之美的感覺。每當我說到法蘭克・費利斯（Frank Farris）用玫瑰花飾描繪史丹納系論（Steiner's porism）的那幅作品（參見次頁圖），我就有這種感覺。在你感受到對稱、平滑曲線與角的形式呈現出的感官之美時，不就是正在體驗自然狀態的抽象代數、微積分和幾何嗎？

　　這種感覺就說明了，為何我們常在數學之美中發現秩序與單純性。這兩種特質會喚起和諧與平衡的感覺及心靈的寧靜，因此，儘管感官之美是最容易感受到的數學之美，它還是可以很有深度。你不必懂任何數學，就能體驗這種美，你欣賞它本來的樣子。珍愛感官之美，它就會誘導你以數學探險家的眼光看待這個世界。

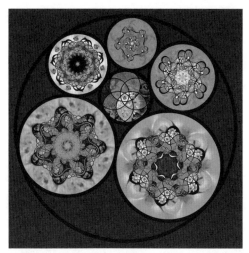

數學家法蘭克‧費利斯的玫瑰花飾；費利斯利用複變分析的技巧，創作出使用攝影素材的作品。這套圖案描繪史丹納系論，這個定理是談圓可在什麼情況下，內接於給定兩個圓之間的區域中，且構成一個環，就如這個圖所示。在外圈的那些圓裡面滿是玫瑰花飾圖案，色彩來自中間的花卉拼貼（原圖是彩色的，但即使是黑白的，這件作品仍然很引人入勝）

　　第二種數學之美，是我所說的**絕妙之美**。「**絕妙**」有兩層含意：一方面是感到驚奇的意思，驚嘆於看見令人驚喜的東西，但也有感到好奇的意思——讓腦袋感到疑惑、好奇、提出問題。感官之美通常關注實體，絕妙的數學之美總是會引發一場與**概念**的對話。

　　絕妙之美有可能產生自感官之美。如果你看一件漂亮的幾何設計，你可能會問：這是如何製作出來的？如果你聽一個令人振奮的和聲，你或許會問：為何它聽起來這麼愉快？**如何**及**為何**都是與數學概念對話的起點。在看費利斯的作品時，它會引導你去推測其中的漂亮圖案是怎麼產生的。你不必回答自己的問題，就可以體驗絕妙之美。

　　不過，絕妙之美有可能與感官之美無關。數學家在 $E = mc^2$ 這樣的方程式中看見美，她讚賞的並不是它的書寫形式，而是欣賞包含在

其中的概念；這個方程式在說能量與質量是可以互換的，一點點質量就等價於很多能量。如果她覺得下面這個公式很美：

$$e^{\pi i}+1=0$$

可能就是因為沒有明顯的理由，說明為什麼宇宙中最重要的五個常數會出現在同一個等式裡。這種意想不到的事，正是哈第所說的數學之美的要素，它會引出絕妙之美，因為意想不到的事讓我們心生好奇，想追根究柢。

M. C. 艾雪（M. C. Escher）是知名的荷蘭版畫藝術家，他的作品魅力就在於絕妙之美，看了他的畫作，很難不再想起。他的作品經常含有數學的主題，如對稱性或無限性，同時也在摸索變動參考坐標系的模糊性。他喜歡畫不可能存在的場景，如《相對論》（*Relativity*，1953）和《瀑布》（*Waterfall*，1961），呈現出局部有可能（在小區塊裡一切看起來正常）、全域卻不可能（整個場景不可能發生在真實世界中）的古怪性質。他的作品邀請觀賞者與數學概念進行對話，是絕妙之美的最佳範例。

1963 年，數學家斯坦尼斯瓦・烏蘭（Stanislaw Ulam）出席了某場科學會議的無聊報告。葛登能描述了接下來發生的事：

> 為了打發時間，〔烏蘭〕在紙上隨手亂畫橫線和直線，畫成一張格線。他動的第一個念頭，是寫一些西洋棋問題，突然他改變主意，開始在方格裡寫上數字，先在中央寫出 1，然後按照反時針

螺旋狀往外寫。由於看不到特別的盡頭，他開始圈出所有的質數。令他吃驚的是，這些質數似乎有某種神祕的傾向，排成了幾條直線。[5]

100	99	98	(97)	96	95	94	93	92	91
65	64	63	62	(61)	60	(59)	58	57	90
66	(37)	36	35	34	33	32	(31)	56	(89)
(67)	38	(17)	16	15	14	(13)	30	55	88
68	39	18	(5)	4	(3)	12	(29)	54	87
69	40	(19)	6	1	(2)	(11)	28	(53)	86
70	(41)	20	(7)	8	9	10	27	52	85
(71)	42	21	22	(23)	24	25	26	51	84
72	(43)	44	45	46	(47)	48	49	50	(83)
(73)	74	75	76	77	78	(79)	80	81	82

烏蘭螺旋。質數（圈起來的那些數）看起來像是排在斜線上

　　在螺旋非常大的時候，也可以觀察到這個現象（試試看！），但在我寫到這段文字時，這個模式還沒有令人滿意的解釋。烏蘭體驗到的，是有時會從遊戲中產生的絕妙之美。看到像這樣意想不到的模式時，你會不禁想問原因，你會感到驚嘆，也會感到好奇。

　　第三種數學之美，或許可以描述成**洞悉之美**，這是理解之美。它與感官之美和絕妙之美有所不同，感官之美關注物件，絕妙之美關注概念，而洞悉之美關注的是**推論**。邏輯上正確的推導，對數學探險家來說是不夠的，她往往會尋找最單純或最能洞悉的最佳證明。數學探險家會用一個特殊的字眼形容這種證明：**優雅**（elegance）。艾狄胥常提到上帝留著的「天書」（The Book），這本書中記載了證明最優雅

的所有定理。[6]

洞悉之美仰賴優雅的推論，就像詩歌之美仰賴所選的用字，因此洞悉之美有個意想不到的特徵，就是十分倚仗表達。要是表達得不好，本來應該是優雅清晰的證明也許就不清晰也不優雅了，但如果表達得很好，這個證明就可以像詩一般打動心靈，或像講得很好的笑話意想不到的結尾一樣引人發笑。數學探險家渴望得到洞悉之美產生的感覺。

雪梨歌劇院的建築風格，讓它成為全世界最具代表性的建築之一：貝殼造型的屋頂與雪梨港的背景結合在一起，讓我們聯想到船帆。然而屋頂成形過程的故事，正是一個關於洞悉的故事。歌劇院的設計是一場國際競圖的結果，建築師約恩・烏松（Jørn Utzon）當初的獲選作品（於 1957 年宣布）對於貝殼的形狀還沒有明確的決定。烏松後來計畫改成不同的拋物面外殼，但從工程的角度來看行不通。1958 年，由於政治的壓力，在成本與屋頂的設計尚未定出來之前就開始動工了。屋頂的設計經過更多次反覆修改，但成本成了問題，因為需要替屋頂的分段和瓷磚做許多不同的鑄模，而且確定屋頂各段相接的邊緣曲線，是很重要的數學挑戰。1961 年年底，烏松終於頓悟。歌劇院的網站描述了這件事的經過：

烏松在疊起大型模型的殼，準備騰出空間時，注意到這些形狀看上去非常相似。先前每塊殼看起來都各不相同，但現在他覺得，這些殼這麼相似，也許就可以從單一不變的形式做出來，如球體的〔表面〕。

雪梨歌劇院

重複的單純性與輕鬆容易，一下子就吸引大家注意。

這代表這座建築的形式可以從一個重複的幾何形狀預組起來，不僅如此，還可以用相同的圖案鋪砌外表面。這就成了讓雪梨歌劇院與眾不同的特色終能實現的單一發現，從圓拱和歌劇院船帆般的永恆輪廓，到瓷磚格外美麗的拋光⋯⋯

不管用什麼標準來衡量，這都是關鍵問題的完美解決辦法：它把區區的建築風格，在此是指外殼的風格，提升到一個更長久的構想，一個存在於球體普遍幾何結構本身的概念。[7]

烏松的洞見經常有人形容成是一種靈光乍現。在數學上，這就是模糊不清的事情變得顯而易見時，那股茅塞頓開的興奮感，譬如找到了優雅的解法或具啟發性的證明。那產生的飄飄然興奮情緒，往往是

因為看到了全貌，一切終於說得通了。

　　數學洞悉之美的感覺，就好似你去購物的時候，碰巧有某樣商品在特價，而且是你根本不曉得自己會需要，根本不知道自己會想擁有的商品。那就好像看推理片的結局，一切都得到解釋的感覺。正如看過的電影我們會看第二遍是想發現新的細節，數學探險家也喜歡把有洞見的論證思路再想一遍，思索它的衍生結果、概括論述或應用。

　　的確，我們也有可能突然找到愚笨的解法，不過這種情況下產生的情緒不是興奮，而是如釋重負——考驗結束了。長篇大論的論證往往又笨又難記，也難怪單純清晰的論點與美有關。

　　經常有人分享具有洞悉之美的謎題。次頁的謎題是我在數學研討會隨便聽來的。

　　當你看出一個很簡單又優雅的方法來看待這個問題，那就是豁然開朗的一刻。（欲知提示，請見書末〈謎題提示與解答〉。）

　　洞悉之美的表現可能是頓悟，也可能是逐漸慢慢理解。有很多數學概念，必須一而再、再而三出現在全然不同的地方，我才有辦法理解。數學裡有個一再出現的主題，叫做**對偶性**（duality），也就是存在於數學概念之間的自然配對：例子包括乘法與除法、正弦與餘弦、聯集與交集、點與線。認出對偶性，有如用鏡子看出兩個長相及行為相異的生物其實是同一種。一直到我在許多脈絡下看見對偶性，我才真正理解了；現在我覺得對偶性很美。

木頭上的螞蟻

有人把一百隻螞蟻放在一根木頭上的任意位置，每隻螞蟻面朝木頭的其中一端。這根木頭有 1 公尺長，從左往右延伸。每隻螞蟻以每分鐘 1 公尺的等速率朝左端或右端爬。兩隻螞蟻相遇的時候，牠們會互相彈開然後轉頭，用原本的速率往反方向爬。螞蟻爬到木頭的盡頭時，就會掉下去，而在某個時刻，所有的螞蟻都會掉下去。問：在**所有**可能的初始配置中，最慢必須等多久才能保證木頭上完全沒有螞蟻了？

數學之美的最深刻體驗在**超凡之美**。這種美可以增強感官、絕妙或洞悉之美，或是反過來讓前三種美來增強，但不止這樣。超凡之美通常出現在人從特定物件、概念或推論之美轉移到某種更崇高的真理之時，也許是某個揭露本身深層重要意義的洞見，或與其他已知概念的深層關係。在你感受這種美的時候，會感覺到一種深切的嘆服甚至感激。數學家喬丹・艾倫伯格（Jordan Ellenberg）在他的《數學教你不犯錯》（*How Not to Be Wrong*）一書中，如此形容這種美：

> 事實是，對於數學理解的整體感覺是很特殊的體驗，那種感覺就是突然之間明白發生了什麼事，而且十分肯定，**窮竟到本源**，生活中很難有別的機會得此體驗。你覺得自己像是伸手去觸碰宇宙的核心，然後把手放在電線上。這種感受很難講給沒經歷過的人聽。[8]

許多數學探險家會提出這個形而上的問題，來感受這種超凡之

美：為什麼數學竟然會強大到能夠解釋世界？愛因斯坦曾問：「數學畢竟是人類思想的產物，與經驗無關，但怎麼會如此恰好適用於現實世界裡的物件？那麼在沒有經驗，僅憑思考的情況下，人類的理性是不是就能弄清楚真實事物的性質？」[9] 他是在對超凡之美的感受表示嘆服，而我們在欣然接受他的驚嘆時，也感受到這種美。

數學探險家也在統一不同領域的理論中發現超越性，有時語言就反映出這一點。「怪異月光」（Monstrous moonshine）這個引人遐思的名稱，是拿來指 1970 年代後期發現的意外關聯，這個關聯存在於數論和一種稱為怪物群（monster group）的龐大對稱結構之間。[10] 不可思議的是，出現在數論中一種重要函數裡的係數，似乎也是怪物群的重要維數之和。令人大為驚訝的是，在 1992 年，理查‧波徹茲（Richard Borcherds）證明出兩者都與弦論有關，進而證明了猜想的關聯確實存在！這項成果讓他獲頒菲爾茲獎，他在隨後的訪談中表示，獲得這項榮譽不像解出問題那麼令人興奮。他是這麼描述自己的感受的：「當我證明了月光猜想，我高興極了。如果我做出一個很好的結果，我會為此開心好幾天。我有時會想，這是不是吸食某些毒品後的感覺。我其實不知道，因為我沒有檢驗過我的這個理論。」[11]

超凡的數學之美並不是非開即關，它可以從感官之美、絕妙之美或洞悉之美，逐步產生出來。當宏偉建築空間的感官幾何之美深深打動我們，或當我們看到一個簡單的觀念用多種面貌出現在多個數學領域，或領悟到某個優雅的證明可以推廣到許多情境，我們就可能會感覺到這種美。

我們在世界上發現的超凡之美，讓人覺得有些東西是我們無法理

解的，還等著人去發現，可能具有最根本的意義。C. S. 路易斯（C. S. Lewis）說美的崇高感受就像「我們尚未見過的花朵散發的香味，我們不曾聽過的曲子發出的回音，我們從沒造訪過的國家捎來的消息」。[12]同樣的，數學可以令人覺得像是超凡的。當你看到處處可見同樣的美好想法，你就會開始認為它指向某個你還未領會的更深層真理。當你意識到自己和隔著海洋、文化及時間的另一個人，有完全相同的數學想法，你就會開始相信可能有一個普遍、不朽的現實世界，是你們兩人都能以某種方式看到的。有耳語在呼喚我們，但我們還沒有找到聲音的來源。

追求任何一種美，都會在我們身上培養出**深思熟慮、喜樂**與**感恩**，以及**超凡敬畏**的德行。當我花上五天在高嶺山脈（High Sierras）健行，就有機會和時間感受曠野之美。在七月中旬嘩嘩踩過還覆蓋著冰的草原，目睹閃著微光的美景，回想我剛才也許走過了還沒有人走過的地方，一股感激與敬畏之心就油然而生。對於數學之美的追尋，就提供了培養這些德行的獨特方法，同時激勵數學探險家學習數學。正如我在高嶺山脈的長途健行一樣，追求數學之美可能會把你帶往無人見過的奇妙空間，讓你用全新的方式感受深刻的想法。花時間思索美這件事，讓我們更有能力學習數學，處理新的資訊。在這個數位時代，有各種通知及其他分散注意力的東西不斷轟炸，我們比以往更需要深思熟慮的空間。

在意想不到之處尋找無所不包的模式時，領會數學超凡之美可以養成我們的**概括習慣**。學習一個新的定理時，我經常自問，這個定理

的力量是什麼東西賦予的？基本原則是什麼？它會怎麼應用到更普遍的情況？這樣的習慣會帶進我的其他生活領域。炒一道新的菜色時，我經常問：這道菜教了我哪些通則？先放**大蒜和洋蔥丁，九層塔最後再放，否則會變色**。尋找做菜通則的這種習慣，可以讓你臨時變出新的樂趣。

如果數學使人圓滿幸福，那麼我們都可以因為領會數學之美而受惠。但有許多關於美的見解，以及許多透過美來激發我們學習數學的方法——透過藝術，透過音樂，透過模式，透過文物，透過嚴謹的論證，透過簡單卻深刻的觀念的優雅，透過這些觀念在現實世界中很多領域的絕妙實用性。

為了替他人建立起這些關聯，你必須理解他們覺得生活中的哪些事物很美。是感官之美、絕妙之美，還是洞悉之美？聆聽他們的故事，會讓你有方法把他們對美的見解連結到他們感受數學的方式。

很可惜，數學的教學方法有可能會扼殺數學之美。把數學當成一堆規則來學習，而缺乏製造意義的見識，或是把學習數學當成不斷做那些缺乏令人喜悅的解答的重複題目，肯定會消磨你的渴望。最近某大報上有一篇讀者投書，要大家「讓女兒經常做數學。她以後會感謝你」。[13] 那篇投書根本沒有問要怎麼教數學，讓她**現在**就會感謝你。如果你給她的問題令人愉快，又有意想不到的優雅解法，數學之美就能激發她多做，這些問題會把枯燥的練習變成令人興奮的探索。體驗過美及其德行的人，會樂於把練習當作一次又一次體驗它的方式。

這是因為，感受到打動我們的美，我們就會渴望獲得更多。在數

學之美培養出的所有德行中，最重要的可能是這個：**喜歡美**。這就像讀了某位作者的一本好書，會讓你想去讀此作者的另一本書，就像學會一個新詞會讓你想多多運用這個詞，就像你運動時感受到的樂趣會讓你想要每天運動。

喜歡數學之美，是數學堅持的動力。無論問題變得多麼困難，你都會不斷回來，因為你知道：每個新的數學挑戰都會帶來再次看見美的希望。

棋盤問題

這是個你可能會喜歡想一想的經典問題，許多人覺得它的解答非常優雅。

想像一個西洋棋棋盤，上面有 8×8 個小方格。假設你有一堆 1×2 的多米諾骨牌，每塊骨牌可以覆蓋棋盤上的相鄰兩個方格。我們説骨牌會「鋪滿」棋盤，因為你可以用骨牌覆蓋整個棋盤，而且骨牌沒有重疊，也沒有凸出棋盤。

假設你移除了棋盤對角的兩個方格，你還可以用骨牌鋪滿（扣掉角落兩個方格的）棋盤嗎？如果可以，請畫出鋪法，如果不行，就證明不可能鋪滿。

克里斯多福在下一封信中解開了這個問題，所以如果你不想看解答，請跳過他的第一段。但下面還有幾個問題可以探討：

• 考慮去掉了兩個方格的其他棋盤。去掉哪兩個方格的棋盤仍有可能用骨牌鋪滿？

• 在 7×7 棋盤的每個方格上放一個騎士。每個騎士有可能同時按照規定的走法移動嗎？（騎士的走法是沿其中一個方向走 2 格，再沿另一個方向走 1 格。）

• 你能不能同時使用所有七種俄羅斯方塊骨牌（七種可能的四格骨牌，每種都由 4 個方塊組成）來覆蓋一個 4×7 的棋盤？

• 考慮一個 8×8×8 的正方體，由 512 個小正方體組成。去掉對角的兩個小正方體。你能不能用 1×1×3 的方塊鋪滿缺了兩角的正方體？

2018 年 2 月 2 日

　　蘇教授你好，希望你這週過得比上週更愉快。我覺得我解開了這個謎題。我相信答案是不可能鋪滿這個改動過的棋盤。理由是：為了想盡辦法鋪滿整個棋盤，每塊多米諾骨牌都必須覆蓋一個白色方格和一個黑色方格，可是對角的方格顏色相同，所以不是多 2 個黑色方格，就是多 2 個白色方格。同色的方格永遠在對角線上，因此無法用一塊骨牌覆蓋。永遠會有 30 個（黑或白的）方格嘗試用 32 個（白或黑的）方塊覆蓋，所以會有 2 個（白色或黑色方格）覆蓋不了。我希望這樣的說明夠充分。我不喜歡我的答案是只能說它不可能，因為那感覺就像我不知為何把錢輸光（認輸）了。

　　既然你說線性代數應該早點學，那我接下來就要學那個科目。我記得讀過一篇書摘，在描述非線性方程式的實際情況，而且提到愛因斯坦的成果。我還記得讀到古希臘人知道，歐氏幾何未必是對真實世界的精準描繪。接下來我會嘗試繼續下去，開始讀我的線性代數書：有三本，其中一本有 505 頁和 2,400 個證明題，可是我會開始讀。

　　拓撲學是非常有趣的科目，相當抽象。我猜我現在正在學的拓撲學是入門（點集拓撲學〔 Point-Set 〕；他在前言中也稱它為一般拓撲學），所以在變形方面並沒有談得太多。到目前為止主要都在談拓撲空間、分離公理、緊緻化、單值化這些主題，而現在我進行到「連續性」這一章……

　　要怎麼知道自己在什麼時候寫出了很好的證明或很好的論證？

我也回頭讀了我的嚴謹微積分書，還寫了一個證明來解釋為什麼（三維實數空間）R^3 中的立方體是正規定義域。我認為我這次寫的證明比以前好很多，因為我一直在做拓撲學的證明。你認為某些科目中的證明比其他科目還要簡單嗎？到目前為止，我覺得讓我感興趣的數學領域是分析、數論和計算理論。我有幾本書簡單提到計算理論，還有一本分析的書；我還沒有數論的教科書，可是從我讀過的一點數論來看，它看起來一定很有趣。

克里斯

第 6 章

永恆

隨著每一個簡單的思考行為，

某種永恆、很有分量的東西進入了我們的心靈。

——伯恩哈德·黎曼（Bernhard Riemann）

我覺得好像准予進入一個以前我完全看不見的世界。

我曾經喜愛，現在仍喜歡數學這麼老練地交織在我們周遭的世界中。

——泰—德妮·布萊德利（Tai-Danae Bradley）

我的衣櫥裡有一件舊的法蘭絨襯衫，如綠蔭般的色彩讓我想起我最喜歡的森林健行。這是件多功能的襯衫，很多時候抓了就穿，很方便，像是在山中走動、與好友聚會、深夜跟宿舍室友天南地北閒聊人生的意義等等，而它就像小孩子抱著不放的安全毯，溫暖的毛料纖維給我一種慰藉。現在它磨損了，顯出歲月的痕跡，可是它帶給我太多的回憶，所以捨不得丟。它的破舊和粗糙感彷彿在對我說話，講著昔日的故事。我們都渴望生活中有固定不變的東西，讓我們倚靠，那件襯衫陪伴我走過風風雨雨，我不會丟棄它。

我所信賴的法蘭絨襯衫就代表永恆。

永恆是全人類的渴望，我們希望美和愛**永存不朽**。我們追尋**永生**，或至少想辦法盡量讓死亡延後。難道我們不歌頌**忍耐**的德行嗎？不誓言**永遠**相愛嗎？我們談到留下恆久的**遺產**，或留下深遠的**影響**，希望這個影響（如果不是我們自己）是永恆的。就某些方面來說，渴望有孩子是盼望著永恆。

永恆也是數學上的渴望。想想數學探險家對於不變事物的關注。

我們喜歡**常數**。**常數**一詞通常用來描述某個具有重要意義的固定數，如黃金比率、e 或 π。圓周率 π 之所以引發大眾的想像力，部分原因是它出現在許多地方，而不只有在圓的幾何形狀裡。有些例子相當出乎意料，譬如出現在平方數的倒數和：

$$1/1^2 + 1/2^2 + 1/3^2 + \ldots = \pi^2/6$$

或是出現在鐘形曲線下方面積的公式或海森堡的測不準原理中。就本身而論，π 這個數感覺像宇宙般巨大無比，神祕又永恆，不管在什麼時刻、在宇宙中哪個角落，毫無疑問都是很重要的常數。有些人想盡辦法背出它的小數點後數字，或在數字中尋找模式，以便理解這個數的高深莫測本質，這並不令人意外。

我們也會尋找**不變量**（invariant）。在數學上，不變量是指執行運算時保持不變的東西。舉例來說，如果我拿 5 去乘一個數，並不會改變它是偶數還是奇數；如果我旋轉一個三維（3D）的幾何圖形，並不會改變它的體積。不變量透露了關於運算本身的見解。舉例來說，我可以透過不因旋轉而改變的東西來了解旋轉：旋轉時所繞的軸是固定不變的，這個軸就透露了旋轉的一個重要特徵。破解魔術方塊的關鍵，是去注意轉動方塊時保持不動的東西。在物理系統的數學模型中，守恆律特別關注不會隨系統逐步演變而改變的不變量，例如兩輛車相撞時的總動量。不變量是我們開始辨識並倚賴的固定之物。

不變量可以告訴我們，事情在什麼時候是不可能辦到的。譬如上一章的末尾，我把這個謎題留給各位去想：能不能用多米諾骨牌，鋪滿對角兩個方格去掉了的西洋棋棋盤？找出了不變量，也就是放骨牌時保持不變的東西，這個經典問題就變容易了。（有雷慎入：如果你不想看到解答，請跳到下一段。）由於一塊多米諾骨牌一定會覆蓋一個黑色格子和一個白色格子，因此不論你放多少塊骨牌，覆蓋的黑格數一定會等於覆蓋的白格數。這個相等性就是不變量，會給我們以下的洞見：如果去掉棋盤上**任意**兩個同色的方格（例如對角的方格），白格數和黑格數就會不相等，而你也就無法完全覆蓋這張棋盤。

其他許多數學概念的命名，也顯現出對於永恆的興趣：**穩定集、收斂、平衡點、極限、定點**。

數學觀念本身具有的永恆，在我們看來很迷人，很美。自然科學談的是自然界的**定律**（law），這些定律通常是根據經驗觀察到的事實，在許多情況下都成立。[1] 新的知識有時會推翻這些定律。但在數學中，我們談的是**定理**（theorem），當證明確立了某個定理，這個定理永遠不會被推翻，它永遠是真確的，在宇宙各個角落都是對的。

這種永恆是數學特有的。大衛·尤金·史密斯（David Eugene Smith）在 1921 年即將卸任美國數學協會主席的演講中，談到數學法則的永垂不朽：

> 米底亞人和波斯人的律法，雖然公認是不可改變的，但都湮沒了；數千年來約束埃及人活動的教規，只存在於古代記載，保存在我們的古代器物博物館裡；曾稱霸法律世界的羅馬法典，已經讓現代規範取代了；今天制定的法律，明天必然會改變。然而在所有這些改變之中，$(a+b)^2 = a^2 + 2ab + b^2$ 這個等式在過去是對的，在今天是對的，在這個世界的所有未來會是對的，而且在宇宙中的各個地方，不論是在平面國的代數中，還是在我們所生活的空間的代數中，也同樣是對的……
>
> 我小時候學到的化學知識，在當時看來似乎是對的，但今天我們已經知道其中有很多是錯的。我所得知的分子物理學知識，現在看來就像童話，雖有趣卻也未成熟。我們學到的歷史，某種程度上可能是真實的，但在許多具體細節上必然是不真實的。因

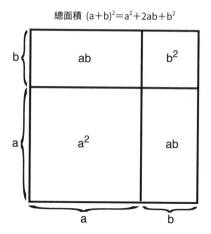

總面積 $(a+b)^2 = a^2 + 2ab + b^2$

這並不是史密斯的演講內容，但我忍不住給各位看一個說明 $(a+b)^2 = a^2 + 2ab + b^2$ 的「無字證明」

此，我們可能會經歷各種學習領域，但除了在數學中，沒有哪個地方找得到表現出規則永垂不朽，「昨天、今天及永遠」都為真的明確象徵。[2]

我們為什麼要追尋永恆？

我們之所以追尋永恆，是因為永恆是個**慰藉**，而穩定是安全可靠的避風港。我抓起那件法蘭絨襯衫，是因為它是我熟悉的，讓我感覺自在。我做出承諾，就像我在婚姻中所做的，不是因為信守諾言很容易，而是因為很難做到，這樣一來，我的另一半就會有依靠這些承諾的安全感，而我也會在她身上找到安全感。在人生起起落落之中，永恆令人覺得寬慰。

數學的永恆也可以是慰藉。我們可以在永不過時的謎題中找到樂趣，它讓我們全神貫注，忘卻煩惱。讓腦袋從事有創造力的解題，可

以讓我們心情好轉，給我們另一種面對生活的方式。致力推廣數學的
莫里斯‧克萊恩（Morris Kline），在《寫給非數學家的數學》
（*Mathematics for the Nonmathematician*）中表達了這種安定和寬慰：

> 對數學問題的追逐是讓人心馳神往且引人入勝的，這種活動提供
> 精神上的專注，以平靜的內心面對不斷的挑戰，在活動時保持寧
> 靜，搏鬥卻不衝突，以及永恆山脈向感官展現的、經過千變萬化
> 的事件考驗過的美。[3]

　　1941 年珍珠港事件後，美國有大約十二萬名日裔美國人被強行
剝奪家園和財產，並送往拘留營。這些荒涼的環境中沒有家具，所以
他們不得不用廢木料和廢金屬製作替代品，於是雕刻、雕塑、繪畫、
設計和創作手工藝品，就成為一種實踐「**我慢**」的方式；「我慢」在
日語中是「用尊嚴與耐性忍耐無法忍受之事」的意思。

　　《我慢藝術》（*The Art of Gaman*）這項展覽，充分展示了關在這
些拘留營的普通男女製作的非凡藝術品。[4] 在這些作品中，你會看到
松本龜太郎（Kametaro Matsumoto）為他的孩子製作的手繪木製滑塊
遊戲。這個幾何遊戲（參見次頁圖）的目的是滑動積木，讓裡面的年
輕女子（大方磚）可以從她的父母和他們的雇工（多米諾磚）之間脫
逃，走出矩形（在中間下方），還有四個熱烈的追求者（小方磚）緊
隨其後。這個遊戲似乎是 1930 年代流行的一種遊戲的變形，也稱為
「箱入り娘」（日本）、L'âne rouge（法國）和「華容道」（中國），
每個版本各有特色。目前已知最少的移動次數是 81 步。[5]

松本龜太郎製作的滑塊遊戲，左圖是起始配置，右圖是結束配置。
照片由 Shinya Ichikawa 提供；滑塊遊戲由 Jean Matsumoto 和 Alice Ando 提供

製作謎題與益智遊戲和解謎，都是把數學思維當作慰藉和「我慢」工具的方式。這是甚至在境況最艱困時也能成就圓滿幸福的真實寫照。

尋求永恆的第二個原因是，它是衡量我們人生歷練的**準繩**。現在我的法蘭絨襯衫上有瑕疵、小污漬和破洞，標記著某些事件和記憶。它不是以前那件襯衫了，我也不是以前的那個我了。它在我二十多歲的時候是一件寬鬆的襯衫，現在它在某些地方變緊了。所以每次抓起那件襯衫，我都會用不同的眼光看待它。它合身的方式不同了。我可以透過那件襯衫標記我的人生閱歷，對我來說每次都有新的意義。

同樣的，雖然一個定理的真理是永恆不變的，但每次遇到它時，我都會有不同的看法。第一次遇到時，我在努力嘗試理解這個真理，這時它就像一隻發怒的熊。第二次重新看它，我可能會感受到領會的興奮感，這時它就像一頭馴服的獅子。多年後我再重新看它，看到的

是一隻和善的狗，牠和街坊其他的寵物，其他我所知道的真理，都合得來。這個定理是永久存在的衡量標準，我可以用它衡量我的進展，讓我想起我的努力和勝利。也許你可以想到一些數學觀念，小時候覺得很難理解，現在對你來說卻像第二天性，感覺極為熟悉。對數學探險家來說，每個定理都是過去某次冒險的懷舊紀念品，每一次的冒險都在考驗一個人的能力。

　　尋求永恆的第三個原因，在於它是我們可以信賴的**立足點**。攀爬岩壁的時候，我必須知道我的腳要踩在哪裡。當然我不是找鬆動的裂縫，我會注意找不能移動的岩石。同樣的，在造訪一個陌生的地方時，我會尋找地標，尋找可用來指引方向的不變特徵，就像人類幾世紀以來是利用固定出現於蒼穹中的星星來導航一樣。我伸手拿那件法蘭絨襯衫時，它在我眼中是衣櫥裡的可靠常備品，是一件可信賴的衣服，而我會以它為主軸去搭配其餘的穿著。

　　在數學上，我們通常會拿公理、定義及定理當作立足點，來設法證明其他的陳述。古希臘數學家歐幾里得以《幾何原本》（ The Elements，寫於公元前 300 年左右）而聞名於世，這部專著很有系統地整理出幾何學結果，而這些幾何學結果都是從某些公認為不證自明的公理及公設，運用邏輯推導出來的。但歐幾里得的公理不是整理幾何學的唯一方法，數學家大衛・希爾伯特（David Hilbert）在 1899 年選了一組不同的公理。

　　攀爬岩壁的方法很多；歐幾里得和希爾伯特選擇了不同的立足點當起點。其他數學領域也已經有公理系統發展出來。普通的數學探險家幾乎不必採用這樣的公理，因為我們已經在攀爬峭壁，從一塊岩石

爬到另一塊岩石，但知道要怎麼找出一條可以讓我們從地面登上這裡的路徑，可能會令人感到寬慰。

　　一開始，新的數學理論通常是以最初的假設或定義當作探索的起點。愛因斯坦的狹義相對論（發表於 1905 年）以兩個初始假設為起點：對於未做加速運動的所有觀測者來說，物理定律和光速是相同的。假設了物理定律及光速是不變的，就讓愛因斯坦推論出長度、質量與時間**確實**取決於觀測者的參考坐標系，而這些非常奇怪的數學結論在此之後都由實驗證實了。

　　公理有如靠近地面的立足點，定理卻更像是峭壁上更高處的立足點，特別有用的定理就像大岩架一樣，從那裡你可以朝多個方向推進，也可以在上面稍作休息，欣賞一下美景。定理歸納了重要的發現，同時提供了讓應用建立起來的基礎。中央極限定理（central limit theorem）是跟機率有關的結果，在解釋一個驚人的現象：當你從某個母體取足夠大的隨機樣本，要衡量此母體的某個數量（例如覺得某種藥物有效的百分比），那個數量的樣本平均數將會呈現鐘形分布，不管該數量的未知母體分布情形如何。中央極限定理是許多統計應用的基礎，例如計算母體平均數的信賴區間，或是決定試驗的結果是否強到可以得出結論（例如某種藥物比安慰劑有效）。

　　我們之所以追尋永恆，是因為永恆是個慰藉，是衡量標準，也是立足點。但這並未充分顯出為什麼這是如此強烈的人類渴望。

　　人類的每一個渴望，在核心都包含了一個意義極大的問題。如果你渴望愛與被愛，就必須對付「我討人喜歡嗎？」這個問題。如果你

渴望美，就必須問：「什麼是善？」如果渴望玩樂，你的心靈就是在承認一個強烈的想法：人生不是只有工作。至於對永恆的渴望，最重要的問題是某種未滿足的需求。

我可以信任誰？可以相信什麼？

信任是渴望永恆的核心問題。如果我尋求慰藉，那是因為我需要一個我希望是安全的藏身之處。倘若我看向某個衡量標準，那是我預期它不會改變。假使我踩進一個立足點，我必須有把握它會撐住我。

在我寫到這裡的時候，美國是個陷入信任危機的嚴重分裂國家，人民都在問，我可以信任一個世界觀跟我完全不一樣的人嗎？我可以信賴我們的政治領袖嗎？我可以相信媒體嗎？我們有家人分不清哪些新聞是假的，哪些是真的，而在不斷變化的暗處，有些人已經放棄嘗試了。黨派口水戰已經造成知識安全感的匱乏，因為人民相信自己所能知道的事情沒有穩固的基礎，所以他們就放棄了。喬治・歐威爾（George Orwell）在他的反烏托邦小說《一九八四》中，描述了一個極權政府（黨）透過宣傳與欺騙來操弄人民的世界：

> 最後黨會宣布二加二等於五，而你只好相信。他們必然遲早會提出這個主張：他們的立場的邏輯強烈要求這麼做。他們的準則不但心照不宣地否認了經驗的效力，還否認外面真有現實世界存在。異端邪說的異端是常識，可怕的不是他們會因為你有其他想法而殺了你，而是他們可能是對的。[6]

數學的永恆性，在於相信數學推理是不會移動的穩固基礎。**對理**

性的信賴，是藉由承認數學的永恆性而建立起來的德行。昨天成立的論證，今天仍會成立。這些論證確立了無法動搖的事實，我們可透過深入的探究與推論得知這些事實。因此，歐威爾決定讓黨強迫你相信一個數學謬誤，一點也不令人意外。我們大部分的生活知識都牽涉到觀點、不確定性、謬誤與不完整的資訊，所以我們的知識需要修正。但數學真理不會被推翻，它們的解釋可能會改變，也有可能變得不相關，但它們的真實性維持不變：昨天、今天和永遠。對歐威爾來說，當數學真理，即外面現實世界的存在性，不再是永恆的，我們所能想像到的最可怕荒謬之事，就是失去我們的立足點、衡量標準和慰藉。

鞋帶鐘

有人給你一條鞋帶、幾支火柴和一把剪刀。把鞋帶的其中一頭點燃，鞋帶就會像引信一樣燒起來，需要整整 60 分鐘才能燒完。鞋帶上各點的燃燒速率可能會不一樣，但它具有對稱性，與左端距離 x 處的燃燒速率，跟距離右端同樣是 x 處的燃燒速率相等。

1. 找出你能測出的最短時間間隔。（舉例來說，你可以點燃鞋帶的兩端，然後等火焰相遇，就能測得 30 分鐘。）
2. 如果你有兩條相同的鞋帶，請找出你可測得的最短時間間隔。[a]

a. 謎題提出者是理查・何斯（Richard I. Hess），出處："Problem Department," ed. Clayton W. Dodge, *Pi Mu Epsilon Journal* 10, no. 10 (Spring 1999): 836。何斯把原始構想歸功於卡爾・莫里斯（Carl Morris）。

2018 年 9 月 9 日

　　我覺得數學是一種慰藉嗎？當我繼續研讀數學，數學也在鍛鍊
我。堅持、耐心、謙遜、有把握理性思考找答案、必須做出推理，這
些都是在我認真研讀數學之前就擁有並相信的，但我發現，隨著我繼
續做數學，這些特質也在明顯增強。數學一直是我心靈的慰藉，因為
我在監獄裡的時間一直很認真做數學。

　　當我翻開《上帝創造整數》（ *God Created the Integers* ）[a] 來讀，弄
懂歐拉的定理「每個整數都是四個平方數的和」，或研讀並弄懂傅
立葉的「熱解析理論」（Analytical Theory of Heat），我知道我所努
力了解的想法是永恆的，過去或此刻正走向人類求知的巔峰。只要
這個宇宙存在，2＋2 就永遠等於 4，三角形的內角和就一定是……
一旦我們弄清楚了，什麼數字都行。它讓我覺得自己更接近某個更
大、更有力、更深奧的東西，更接近……真理，或許吧。

克里斯

a. 《上帝創造整數》（Philadelphia: Running Press, 2005）是史蒂芬・霍金（Stephen
　Hawking）的著作，書裡有數學史上重要論文的摘錄。這是克里斯最喜歡的數
　學書籍之一。

第 7 章

真理

真理是什麼呢？

——本丟・彼拉多（Pontius Pilate）

在這個時代，真理晦澀不明，謊言確鑿不移，

除非愛好真理，否則我們無法知道。

——布雷・巴斯卡

「我們的老師說你是領養來的。我不知道你是領養的。」

我也不知道。我是在六年級的時候聽朋友告訴我的,我猜他是對的。小鎮居民經由小道消息,會得知跟你有關而你本人卻不知道的事情。在那之前,我只是懷疑。我覺得我和家人長得一點也不像。我們家沒有一張嬰兒照片。偶爾會有人說溜了嘴,我還記得有一次有個客人說:「你都長這麼大了!我記得你的爸媽當初接你的時候」,然後她的臉上就露出說錯話的表情。

我的朋友的宣告好像是真的,因為它解釋了許多以前說不通的事。我本來可以不去理會,彷彿什麼事也沒發生繼續過日子,就像以前好幾次我的直覺這麼告訴我的時候。但不知為什麼,聽到有人大聲說出這件事,戳破了我的否認舒適圈。我必須找出真相。

求真是人的基本渴望。即使真相可能會帶來令我們不自在的訊息,我們仍然渴望得知真相。偶爾我們不會順應這份渴望行事,但它會讓我們坐立不安。在我確認自己是養子之後,我知道我想找到親生父母,即使這代表我會得知某些不容懷疑的真實往事。然而我等了很多年才付諸行動。有許多理由讓我們不順應自己的求真渴望去行事。當生活變得繁忙或無法應付,我們會告訴自己:「現在我沒辦法處理這個」,然後選擇活在舒適圈裡,但它終有一天會戳破。在它戳破的時候,我們準備好了嗎?

今天我看到的世界,因政局不穩而混亂,受假消息煽動,真相模糊不清,人們公開贊同那些世界觀一致的公然謊言,而非接受複雜的真相。我們活在同溫層裡,這些同溫層把我們自身的偏見反射回我們

自己。謊言經常在這些同溫層中分享，有時甚至是不懷好意地分享。諷刺的是，那些負責揮舞謊言武器的群體，不經意地受到敵對群體的協助，而敵對群體在此之前還質疑是否有客觀的真理存在。彼拉多的反問「真理是什麼呢？」，具體展現了困惑不已的群眾的惱怒。當我的朋友哀嘆：「搞清楚到底怎麼回事真是太困難了，我為什麼還要做呢？」我也聽到了同樣的絕望感。

為什麼還有人要做呢？真相不再重要了嗎？我們應該盲目相信當權者能決定什麼是真相嗎？或是可以自己辨別出真相？

求真是圓滿幸福的特點。圓滿幸福的社會重視真相，壓抑的社會壓制真相。想想那些控制媒體、對內做政治宣傳的極權主義政權。政治學家漢娜・鄂蘭（Hannah Arendt）研究了這樣的政權，她在 1967 年的〈真相與政治〉（Truth and Politics）一文中說：

> 謊言始終徹底取代事實真相，並不會導致謊言現在被當成真相接受，真相被詆斥為謊言，而是我們用來替自己在現實世界中定位的知覺⋯⋯在毀壞。[1]

當我們迷失方向，就會開始不在乎真相是什麼。我們變得更容易受到左右。**我為什麼還要在乎呢？**

數學思維讓我們有能力去弄清楚發生了什麼事，去在乎。數學探險家在乎深刻的知識與深入的探討。

我一直在用**真相**（或**真理**）一詞，也明白我們對這個詞的含意也

許會有不同的看法。我所理解的意義就和大多數人一樣：真實的敘述就是與現實一致的敘述。[2] 這個定義避開了一大堆哲學問題，像是「『現實』是什麼？」，但我準備用來討論真相（真理）的方式，不會需要更進一步的細分。如果我說：「天空是藍的。」這就是一個關於物質世界的敘述，很容易驗證。這個真理或許承認了某種主觀性，這取決於**藍色**對觀看者來說有何意義，不過就某個意義上這個敘述是與現實一致的。若有人催促，我們可以定義術語，然後測量發出的光的波長。如果我說：「我是養子。」這就是一句與過去有關的敘述。雖然這句話無法用驗證物理事實的那種方法來證實，但重要的證據都顯示它可能是真實的——我現在有好幾個方法知道此事。無論如何，在某個過去的現實中，我不是有被領養，就是沒有被領養，不管我相信什麼，那個現實都證實了真相。

　　我一點也不否認，了解真相或我們詮釋世界所透過的主觀鏡頭，是很複雜的，如果非說什麼不可，我認為我們欣然接受複雜性。我與我的親生父母聯繫上時，我不得不弄清楚這個令人不自在的問題：為什麼要把我送人領養？我問過很多人，每次都有人說：「你的親生母親把你送人是因為 ＿＿＿＿＿＿。」我必須透過多個鏡頭看待那句話：他們的鏡頭（他們為什麼這麼說？）、我的鏡頭（這讓我有何感覺？），還有我親生母親的鏡頭（她會說什麼？）。這種敘述很複雜，而且可以有主觀詮釋。儘管如此，把答案綜合起來，就拼湊出一個完整真相的初步樣貌，要是當初我不願意欣然接受無論發現什麼真相的複雜性，我就不會得知這個真相了。

　　對數學探險家來說，**深入了解**真相是必要的。聲稱真相不等於深

入了解真相。探險家做計算時，如 777 × 1,144，她不會滿足於只算出了一個答案 111,888。她非常了解乘法的含意，所以她能看看這個答案是不是合理，或自己是不是在電子計算機上按錯了什麼鍵。她知道，答案的最後一位數字（8），只會由相乘兩數的最後一位數字來決定（7×4 = 28），在這個例子裡兩者是一致的。她也知道，第一個數大於 700，第二個數大於 1,000，因此她的答案應該不會小於 700,000。它沒有超過，所以她曉得自己算錯了。深入了解的意思就是，你可以檢查自己的答案是否合理。身為數學探險家，你我都會犯數學上的錯，就和其他人一樣，我們只是比別人更可能抓到錯誤。[3] 聲稱真相（在這個例子中，就是出了差錯的計算結果），不等於深入了解真相（提出多種方法來檢查答案）。

同樣的，在更高深的數學知識程度，一個敘述的真實性必須以更深入的方式理解。正如數學家吉安—卡洛·羅塔（Gian-Carlo Rota）所寫的：

> 對任何一位數學老師來說很重要的，是數學家在談論他們的工作時隨意稱為某個理論的「真義」的教學，這種真義會與一個和世界的事實一致的敘述有關，就像任何一個物理定律的真義。在數學的教學上，學生需要而由老師提供的事實，是基於事實／與物質世界有關的真相，而不是與定理證明活動聯繫起來的形式真理。好的數學老師知道怎麼向學生透露這種基於事實／物質世界真相的完整見解，同時訓練他們細心記錄這種真相的技能。[4]

如果你沒有先理解定理的真義，證明定理的活動可能就會把你引入歧途。很多時候，我設法解決我不懂的問題，我會採取一系列的邏輯步驟，一步接著一步，最後得出錯誤的敘述。我在某個地方出錯了，我不懂為什麼，因為我實際上並沒有理解自己想證明的事情的真義。經歷過幾次這種困惑，我就想要深入了解事情。數學探險家對淺薄的知識不會感到滿足。

對數學探險家來說，**深究**真理是一種習慣。要在許多層面探討事實，從多個角度看整個事實，才是真正知道事實真相。探險家會多方面了解真相，不只是檢驗他們的工作，還會深究自己與他人如何達成一致。這可能是指嘗試大量的例子，以便對於所發生之事產生出直覺。也可能是指要像科學家一樣做實驗，以便蒐集證據證明或反駁某個猜想。它還有可能是指用多個方法證明一個定理。這是建構意義、理解真相的一個環節：這些說法相吻合嗎？舉例來說，線性代數跟很多事情有關，其中之一就是解線性方程組，比方說：

$$x + 2y + z = 8$$
$$3x - y + 5z = 16$$

求這個聯立方程組的解，就是在找同時滿足這兩個方程式的三個數 x, y, z。舉例來說，$x = 1, y = 2, z = 3$ 是一組解。但還有許許多多其他的解，無窮無盡，多到數不清。在數學上我們會說，這個解集合是**無限大**的。如果你學了高斯消去法（Gaussian elimination），就

可以驗證這兩個方程式有無限多組解。

　　不過，數學探險家還會尋找其他可用來了解這個事實的方法。她也許會把這兩個方程式重寫成一個等式：

$$x\,(1, 3) + y\,(2, -1) = z\,(1, 5) = (8, 16)$$

　　現在這就是個幾何問題了：如果你的太空船停在二維平面的原點 (0, 0) 上，它有三具推進器，分別可以把你推往 (1, 3)、(2, −1)、(1, 5) 的方向，有沒有哪種組合會讓你抵達 (8, 16) 這一點？從這個角度來看，任兩具推進器都有辦法讓你在這個二維平面上移動，因此這個數學探險家知道解有很多個，只是可能不容易看出有無限多個。

　　接下來她也許會換個方式思考這個方程組，譬如想起像這樣的線性方程式，解集合是三維空間中的平面，而它們的交集就是同時滿足兩個方程式的解集合。但兩個相交的平面必會相交於一直線，於是她知道這個解集合一定是直線，而一條直線上的確有無限多個點。現在她透過多個方法證實這件事實。深入探究與深入了解有密切的關係。

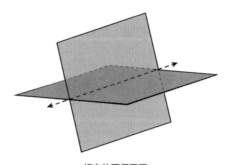

相交的兩個平面

　　由於深入探究是數學探險家的習慣，因此她會經常把一個扎根於現實的事實延伸到想像中，設想出新的現實來。這些現實可能是純理論上的，只以純知識概念這種理想的形式存在。有時這些想像出來的現實最後描述了我們前所未知的物質世界層面，數學就是有這種無法解釋的本領。誰想得到，19 世紀中葉發展出來的線性代數概念，居然會在 20 世紀的量子力學，或如 Google 等搜尋引擎的數學中，有非常驚人的用途？諾貝爾物理學獎得主尤金・魏格納（Eugene Wigner）在解釋自然科學時談起「數學不合理的有效性」，還說：「數學語言像奇蹟般適合表述物理定律，是我們不了解也收不起的大禮。」[5]

　　數學家蓋歐格・康托（Georg Cantor）以探討無窮集合的本質而享有盛名。普通人會說，所有的無窮集合看起來都一樣大，它們永無止境，除此之外就沒什麼可說的。但數學探險家會問，我們要怎麼理解無窮集合的「大小」呢？該怎麼計算永無止境的東西？康托領悟到，你**可以透過其他的集合來「計數」無窮集合，而不是利用數**！你要嘗試把某個集合裡的每個元素，跟另一個集合裡的某個元素配對，而且兩個集合都沒有落單的元素。如果你辦到了，這種元素配對就稱為**一對一對應**（one-to-one correspondence），而且我們說這兩個集合有相同的**基數**（cardinality，又譯為**勢**），這是康托用來指「大小」的用詞。

　　康托的大作發表於 1874 年，令人感到意外的結果是無窮集合有很多種大小——其實是無限多種！不僅如此，結果還發現整數（0, 1, 2, 3, ...）集合的基數，和所有介於 0 與 1 的實數構成的集合的基數**不一樣**（把實數想成可化成有限小數或不一定循環的無限小數）。這非

常出人意料，很多數學家一開始都不願接受康托的理論。這個和無限大的數有關的荒唐事實，在 1874 年看來很難以置信，與現實脫節，但在今天，我們知道它蘊涵了一些和運算的極限有關的有趣事情。由於我們可以證明，所有的電腦程式構成的集合與整數集合有相同的基數，這代表有些實數的小數部分無法用電腦程式按特定順序產生！習慣深究的數學探險家，經常在無意間碰到令人驚喜的事實真相。

對於深入了解與深究數學真理的追尋，可培養出許多會帶進其他生活領域的德行。其中的第一個，就是**渴望深入了解並深究**任何一個重要的事實真相。

淺薄的知識讓你在數學上走偏太多次之後，你就會開始渴望更深入了解事理。當過去的深究帶給你驚喜、樂趣或新發明，你就會開始渴望深入探究任何有價值的事物。

因此，如果你用數學的方式思考，就不會只是一邊看新聞報導，比如近來在重力波方面的重大發現，一邊說：「嗯哼，這個有意思。」同時又把注意力轉移到下一件事情上。相反的，你的腦袋開始思考，你會開始認真讀報導，把這項大發現放在你已有的知識脈絡中。你得知重力會讓你在高中學過的幾何結構彎曲：雖然光仍會直線行進，可是重力改變了**平直**的意義！你興致勃勃，想多了解一些。你開始想像一個宇宙，當中充滿了來自古代事件的重力漣漪，以及辨識出那些事件的數學挑戰。你開始深深體會，這些波以何種方式提供觀測宇宙的新方法。走進這個兔子洞，就給了你更豐富有趣的視野，去看世界上發生了什麼事。

　　對於深入了解數學的追尋，會在我們身上培養出這個德行：**獨立思考**。倘若文學如作家肯尼斯・伯克（Kenneth Burke）說過的，是「生活必備的素質」，那麼數學就是思考的必備素質。[6] 你看出答案何時是合理的或何時不太正確。你不會安於順從及盲目相信當權者的生活。你更有辦法判斷別人是不是想糊弄你。數學推理和建構意義，可培養我們嚴謹思考的德行：**嚴謹思考**就是能夠妥善掌握概念，然後運用這些概念做出清晰的論證。在生活的各個領域，這個德行都很有用。學習數學當然不是學會獨立思考或嚴謹思考的唯一方法，但它是最好的方法之一。

　　對於深究數學的追尋，會培養出**審慎**的德行。在數學上，我們總是會量化敘述、定義域、界限及假設，這樣一來我們的宣稱實際上就是對的。我們所受的訓練讓我們知道自己的論證有極限，這會幫助我們不要過度推廣。在建構數學模型（用數學描述真實世界裡的問題）的過程中，我們會說明模型的假設及局限。在統計學方面，我們會小心指出相關性不等於因果關係。我們難道不能從這些例子學會用更謹慎的措辭對人，不要一概而論？但願如此。當然，我們都會有下意識的偏見，讓我們做出某些聯想，但受過數學訓練的人可能更有辦法舉出例子，強調這種做法的邏輯謬誤。

　　探求數學真理，比較容易讓內心**在面對知識時保有謙遜**的德行。牛頓說過：

　　　　我不知道世人看我像什麼；但在我自己眼中，我只不過像個在海
　　　　邊玩耍的孩子，偶爾因為發現一顆特別光滑的卵石或特別漂亮的

貝殼自娛自樂，而這片無人發現的真理大海就在我面前。[7]

他的意思是：我們懂得越多，就越知道我們不懂的還有多少。這就是謙遜的態度。數學探險家經常關注自己不懂的，因為未解決的問題更有趣。探險家習慣提出猜想，很多並不正確，所以他們學著接受錯誤是探索過程的常態；事實上，犯錯是要讚揚的。看看一些數學書的書名吧，像《拓撲學反例》或是《分析學反例》。承認自己的論證有缺陷，是我想給學生培養出來的能力，這是**認錯**的德行。過去，在我出了很難的考題之後，有些學生會瞎編答案，希望拿到部分的分數。現在我會明確獎勵那些能承認推理過程有漏洞的學生，這種做法讓我收到思慮更為周密的答案。

因此，數學探險家在探索重要的真理時，會需要深刻的知識，深入探究，展現知識上的謙遜，樂意考量新的資訊，再修正自己的看法。她用誠實正直的態度，嚴謹處理概念；她重視小心謹慎，闡明差異。她正確無誤地處理事實真相。

很可惜，這些德行可能沒有強到壓倒習以為常的世界觀或確認偏誤，尤其是牽涉到情緒或身分的時候；所謂的確認偏誤（confirmation bias），就是指我們傾向只贊同支持自己既有看法的資訊。因此，當事實真相含糊不清，謊言卻毋庸置疑，我們要怎麼熱愛真理？為什麼還要弄清楚什麼是事實，或是願意修正我們的看法呢？

我爸爸罹患癌症時，我的家人沒辦法坐等別人來解決問題，我們必須知道哪些治療方法的救命機會最大。我們諮詢專家的意見，認真

搜尋相關資訊。你看，當我們了解有很多風險，事實真相對我們就很重要。

如果不去深入了解並深究重要的事實說法，我們會有什麼風險？

我們會失去不受操弄或不被欺騙的能力；我們會失去根據情況來做決定的能力；我們可能會無法成為可改變我們生活方式的新科技的創新者，而不只是消費者；我們可能會無法思索科技的利用方式，無法批判科技；我們可能會喪失保護親人不受惡意謊言欺騙的能力；我們可能會喪失跟理念不相同的人對話的能力。

當你漸漸成為數學探險家，要求深入了解並深究每個重要真理，就會更認識這個世界及你在其中的位置。你也許會發現，你原先以為顯而易見的一些社會議題，比你了解到的還要複雜。

不過，對數學真理的追尋讓我們心生一種崇高的希望，冀望自己真能知道真相，即使是亂七八糟、錯綜複雜的真相，冀望有些事百分之百**正確無誤**，這樣我們就能相信，真相可以制止那些厚顏無恥利用謊言之徒。因追尋數學真理而穩固的德行中，**信任真相**或許是最重要的。越去探索數學世界，就會越有把握熱愛真理，知道真理確實值得你下工夫弄清楚。

魏克禮拍賣

賽局理論中的數學，會刺激人說實話。賽局理論是模擬決策過程的數學模型，它對分析策略思維很有用，在經濟學與計算機科學上有各種應用。下面是從賽局理論產生的美妙結果。

假設你主辦一場紙上拍賣，想賣掉你的車子。拍賣規則是 (1) 買家先把出價放在密封的信封袋中競標，(2) 收集了所有的出價之後，你用最高的出價把車賣給出價最高的買家。

這種紙上拍賣進行方式看似合理，但你這個賣家會陷入一個風險。如果你的車子非常值錢，可是所有的買家都認為只有自己認定這個事實，出價可能就會低於他們所想的價值。結果，你收到的出價會偏低，你會蒙受損失。

有沒有哪種紙上拍賣，會誘導人用他們所認為的物品真正價格來出價呢？

答案是：有，稱為**魏克禮拍賣**（Vickrey auction）。這種拍賣方式的規定是，每個競標的買家都要出價，出價最高者得標，但支付的金額是**競標價格中的第二高價**！

你知道為什麼這會誘導人如實出價嗎？換個說法就是，為什麼說實話的策略比出價過高或出價過低更好？

Google Ads 運用魏克禮拍賣的推廣，在受贊助的搜尋結果中賣廣告。

2018 年 9 月 5 日

　　關於你寄給我的這份草稿⋯⋯最後一段特別有力，替我上了一課。我在數學形式邏輯方面的研讀，讓我確信我為上訴尋求、接受並做出法律論點（加上我偶然發現而促使我進行調查的一則消息）。對真相有信心，往往是行動的推動力。

　　我當然可以理解你談到你在定理上的經驗的那一段。我第一次遇到然後很快看過一些數學概念時，我也有同樣的經驗，那是逼我上進的動力之一（也是挑戰：我喜歡「搏鬥」或努力）。

克里斯

第 8 章

努力

每當一個人努力把注意力放在增進自己對真理的掌握這個唯一的想法上，

即使努力沒有帶來看得見的成果，他還是會比別人更能理解真理。

——西蒙・韋伊

你渴望獲得的完美是練習出來的。

——瑪莎・葛蘭姆（Martha Graham）

讀到這兩個學生的論文時，我心裡一沉。他們的數學證明在符號記法和用詞上極為雷同，但我很確定兩人互不相識。憑著直覺，我上網搜尋一下我出的這個題目，結果找到一個解法，很可能是這兩個學生的答案的出處。

我該怎麼做？我決定給這兩個學生主動站出來的機會，而不是跟他們對質，讓他們處於防衛狀態。倘若他們為自己的行為負責，我可以在校內司法委員會面前提出較輕的懲處。我發了一封電子郵件給整班學生，說明我發現有人用網路上的資源作弊，但我希望當事人自己站出來。

隔天早上，我的收件匣裡有十封懺悔信，讓我嚇了一跳。雖然我聽說過其他學校的重大作弊事件，但在我的課堂上發生這種事令我很吃驚。

什麼原因讓這麼多學生作弊？有幾個人承認他們想要同儕或父母的讚許，或謀得好工作，或進研究所，所以倍感壓力。其中一位含著淚說：「我**真的有**嘗試解題！可是我很累，又有那麼多作業要做……所以我就上網找答案。我只是不確定自己如果堅持下去，就會解出來。」讓我難過的是，現在她永遠不知道自己會不會解開那個問題了。她鞏固了自己想打破的自信心不足。

是網際網路的錯嗎？也是也不是。根本的誘惑一直存在，但網際網路大幅強化了人與人互相比較的能力，又降低了我們縱容眼前欲望的障礙，甚至是那些對我們沒有好處的欲望。二十年前還沒有臉書，但現在，社群媒體上的分享數量爆增，當我們只看到別人精心篩選呈現出來的生活和成就，會更容易覺得不如人。來自互相比較的壓力，

從未像今天這麼巨大。現在也很容易在網路上找到隨便哪個數學問題的解答。我在某個高等數學的班上已經注意到，會來找我問那些難題的學生比幾年前少了一些。現在太容易避開那條經由努力才求得學問之路。

但為什麼要努力？努力有何價值？努力怎麼會是人的深層渴望？

有一種努力是熬過苦痛的努力，大多數人在生活中不會去尋求這種努力。我們不喜歡受苦，然而受苦是人類經驗的現實情況。許多最強烈的感受，來自我們親身的苦痛，或陪伴親人努力熬過他們的苦痛。凡是受過苦的人都知道苦痛產生耐力，耐力又產生出品格，而品格創造出希望。不論是對抗病魔還是不公不義，努力都會培養出疾病或暴力無法從我們身上奪走的德行，這樣的德行對過得很好的生活很重要。不過，這種努力雖有價值且很常見，卻不是人類的深層渴望。

還有一種努力，是想實現目標的努力。但實現的是什麼目標呢？如果目標是拿到好成績，可以靠作弊，而不用努力。哲學家阿拉斯德・麥金泰爾（Alasdair MacIntyre）在《德行之後》（*After Virtue*）一書中，區分了社會實踐活動中的**外在善**與**內在善**。根據他的定義，**實踐**（practice）大致說來是一種社會既定的人類合作活動，具備適合這種活動的卓越標準，它可以包括體育活動、農業、建築、數學或西洋棋等事物。外在的善是從事實踐而產生的善，但只是社會環境的偶然產物，不是因活動本身而存在的；舉例來說，財富與社會地位就是外在的善。由於不是活動本身就有的，外在善總是能透過另一種途徑實現。麥金泰爾舉了一個拿巧克力糖激勵孩子下西洋棋並贏棋的例子：

以此方法激勵這個孩子下棋而且贏棋。然而要注意，只要巧克力糖本身是讓這個孩子下棋的充分理由，如果這個孩子能夠順利作弊，他或她就沒有理由不作弊，甚至有充分的理由作弊。[1]

相較之下，內在的善是從事實踐而產生，且與那個實踐本身相關的善；除了從事那個實踐或類似的實踐，這樣的善就無從實現。麥金泰爾繼續說：

> 不過，我們可能會希望將來有一天，這個孩子會在西洋棋特有的那些善之中，在需要某種非常特殊的分析技能、策略想像力及競爭強度的成就中，找到一組新的理由，不單單是為了贏得某場比賽，更是為了嘗試在棋賽要求的任何方面都能出類拔萃。那麼如果這個孩子作弊，他或她擊敗的人不會是我，而是自己。[2]

因此「策略想像力」是一種內在的善。你要透過下棋或類似的遊戲來發展這種善，它和這個活動密切相關，是這個活動的結果。

正如麥金泰爾指出的，外在的善（巧克力糖、財富、名聲等等）是屬於個人的，而且往往是某個人得到的越多，其他人可獲得的就越少。相較之下，不管多少人都可以獲得內在善（如擅長某項技能、享受某個活動的樂趣），且其他人可獲得的又不會減少半分，這樣的善豐富了從事實踐的整群人。你獲得的數學技能，對整個社會都有好處，你的數學發現和統計學洞見，可能會有對每個人都有幫助的應

用。除此之外，每個數學定理、定義及應用，都是人類足智多謀的明證，是我們所有人的驕傲。

因此，我想進一步闡述成人類根本渴望的努力，是實現內在善的努力，更簡潔的說法也許是**追求成長的努力**。每個人都有各種社會實踐要從事，如體育競技、工作、友誼等等，我們在各個領域裡都有根本的成長渴望，渴望發揮我們在那些領域的潛能。我運動的時候，是在力圖達成健壯的內在善，並保持健康（到我這個年紀，我對健身帶來的外在善，如大塊肌肉或社會地位，不怎麼感興趣）。我認識的人都渴望從事有意義的工作，而這同樣來自我們想在職業方面有所成長、對於職業發展及自我滿足感的根本渴望。我們每個人都很想擁有深厚、多彩、有意義的友誼，可在其中共同成長。

追求成長、實現內在善的努力，是圓滿幸福的特徵。一個社會若沒有建構出提升內在善的社會實踐，就沒有精神支柱。舉例來說，教育就是一種培養出許多內在善的社會實踐，而批判思考能力正是其中之一。權威的表象是教育提供的外在善，但一個不鼓勵批判思考的社會，很容易受宣傳以及透過其他方法得到權威表象的行為者發出的假消息所影響。此外，一個極不公正、缺乏機會、領導階層腐敗的衰微社會，會刺激人用不誠實的手段取得外在善，因為他們看見領導者不公平地分配外在善。然而內在善是社會實踐固有的，所以無法騙取。追求內在的善需要德行，同時也會培養德行，人在領會內在善本身就有的價值時，會把成長的努力視為實現圓滿幸福的方法，以及與不公平制度抗爭的手段。

追求成長的努力是數學閱歷中最吸引人之處。數學探險家喜愛有

趣的謎題和難題。我們知道花很久的時間苦思一個問題而且可能一無所成，會是什麼感覺。我們學會**享受**這種努力的**樂趣**。在我自己的數學研究上，有些問題我就思考了**好幾年**。很可能我永遠解決不了那些問題，就像我或許永遠解決不了人生中的某些問題一樣。當我有所頓悟，終於解開其中一個問題，那種喜悅只會更加甘甜。

在數學教育界，**富有成效的努力**（productive struggle）一詞是在描述主動解決問題、不斷試驗各種策略、樂意冒險、不怕犯錯、一步步了解深層概念的狀態。這種纏鬥會產生出某種**耐力**，讓我們能夠自在面對努力。這股耐力會產生出**沉著的品格**，幫助我們應對生活上的問題，讓我們冷靜下來，知道沒有馬上解決問題也沒關係。我們體會到，沒解決問題可能就跟解決了問題同樣重要，正如西蒙‧韋伊暗示的，努力理解真理本身就是值得的，因為它提升了我們的資質，即使沒產生有形的成果。在努力的過程中，我們會獲得**解決新問題的能力**，增強自己有朝一日會解決這些問題的期盼。當我們努力，最後終於成功時，就會建立起**自信**。假以時日，透過一點一滴辛苦得來的勝利，就會達到**嫻熟**。

這些都是透過適度數學實踐培養出來的德行，是強調內在善而非外在善的那種實踐，也就是用上每個人想藉由努力而成長的深層渴望的那種實踐。那麼數學探險家能夠做些什麼，去助長這種努力，同時阻止想要偷懶，屈從外在善的誘惑。

在回想作弊事件的過程中，我面對一個連帶的問題：我對於所發生的事該負起什麼樣的責任？我開始感到失望，與其說是對我的學生，不如說是對我自己感到失望。我是不是無意間讓我的學生覺得成

績是最重要的？我可以有什麼不同的做法？

　　根據針對學術不誠實所做的研究，作弊率在過去幾年持續升高，而且是拜科技所賜。[3] 此外，最有效的作弊預報因素之一，正是父母或老師過度看重成績。在老師注重嫻熟，為本身具有的價值而學習，而非成績等外在結果的情況下，學生比較不可能作弊。我們再次看到嫻熟（這是某種內在善）與拿到好成績（這是某種外在善）的區別。

　　即使注重嫻熟，我們還是有一些表示成績重要性的微妙方法，不論我們有沒有意識到。舉例來說，我們在家裡或課堂上會誇獎誰？誰會大受我們關注？如果我們對 90 分的學生表現出的喜愛多過 70 分的學生，就是暗暗重視成績表現而非嫻熟程度。即使我們沒有傳遞這樣的訊息，孩子仍會從社會中接收到成績很重要的暗示，他們很容易過度渲染那些訊息。我們必須採取措施，主動反駁成績至上的觀念。

　　由於那次的作弊事件，我現在會要求學生讀卡蘿・杜維克（Carol Dweck）的一篇短文，文章裡談到她做過的研究，顯示那些相信智力不會變（「僵固型思維」）的人，比相信智力有可塑性、可以增長（「成長型思維」）的人更害怕挑戰，更容易因失敗而灰心。[4] 持僵固型思維的學生，把天資與遊刃有餘混為一談，因此他們把費力解決問題當成自己沒有能力的證據。相較之下，持成長型思維的人知道挫折是學習的機會，透過努力就能靠毅力克服。[5]

　　下列三位傑出的數學思想家都是菲爾茲獎得主，都強調努力在數學上的價值：

　　　　我是思考得很慢的人，必須花很多時間才能把我的想法整理

清楚，然後向前邁進。——瑪麗安·米爾札哈尼[6]

　　有察覺事情很難但後來設法撐過這個階段的經驗，是十分重要的。如果能在很早就逐漸養成獨立思考與解決問題甚至難題的習慣，情況會很不一樣。——提摩西·高爾斯（Timothy Gowers）[7]

　　儘管我成功了，我還是始終很不確定自己的智慧；我認為我缺乏才智。而且我真的很遲鈍，過去和現在都是。我需要時間理解，因為我總是需要把事情完全弄懂。——洛朗·許瓦茲（Laurent Schwartz）[8]

　　我不斷提醒我的學生，努力是好事，是學習的發生場所：這是教授從事研究時一直在做的事，而且努力纏鬥是最好玩的地方。我提醒他們，他們是在培養將來在各種人生挑戰中對他們很有用的德行，因為他們將知道怎麼堅持下去，度過難關，在另一頭獲得成果。我提醒我的學生，成績是判斷進步的標準，而不是判斷前途，不在決定你這個人的自尊。

　　思考這些事的過程中，我也開始改變我的評量結果，反思我怎麼看待努力。現在學生即使沒辦法解題，但如果可以告訴我他們怎麼仔細想清楚一個策略，我也會部分給分。我會問省思性的問題，表示我重視做數學的過程，而不只是結果，就像下面這個問題：

　　回想一下你在這門課的整體經驗，請寫下你學到的一個有趣概念，為什麼覺得有趣，以及這個概念對於做數學或創造數學告訴你的事。

我收到的回應讀起來通常是一種享受。譬如這一則：

我在這門課裡學到很多有趣的東西，但我覺得我們為了○○作業要讀的那篇文章最能反映我的經驗。這篇文章說到〔有的人〕怎麼看聰明才智〔看成固定不變的〕，結果在情況變得難處理時會感到無助。以前我一直持類似的看法，所以數學常讓我感到挫折，對自己不滿意，直到最近才不這麼認為。這篇文章提出的另一種選擇，是了解學習需要努力和堅持不懈。雖然這沒讓我大開眼界，但我覺得這個學期我已經學會更能接受它了。這對我來說是很重要的一課，因為我現在對繼續學數學更有信心了。我學到做數學和創造數學可以依靠洞察力與靈感，但也要大大仰賴努力付出才能變得精通。

這是我近來問的另一個問題：

網際網路時代的一大享受就是，不管你想問什麼問題，幾乎都查得到答案，只要那個問題已經解決了。然而當你在學一個科目時，可能就會適得其反。我在這門課曾強調努力做數學的重要性：這很正常，而且是學習過程的一部分，在你卡住的時候就應該「試一試」。請舉出目前為止在課程中遇過的實例，說明努力與嘗試對你很有用。

以下的回應來自一個回頭讀大學的前海軍陸戰隊士兵：

　　我知道學習用雙手做事大概就相當於學術上的努力。舉例來說，我在十歲那年就自學雜耍，而且耍得非常好。一意識到雜耍並不酷，我就不再玩雜耍了，但十五年後我可以靠這個不為人知的技能令我的太太震驚，意識到我還可以做到。同樣的，我在海軍陸戰隊學到的很多技能，需要運用雙手或身體做出某種複雜的動作，我很確定我會永遠記得怎麼拆解和組裝多人操作的機槍。同樣的，射擊是我做了很多年的事，我大概會一直做得很好，直到身體動不了為止。

　　我看數學教授毫不費力地在黑板上解題，即使他們一開始不記得怎麼解。我至少看過你這麼做過幾次，在學生問了很好的問題之後。我認為數學對你來說很像修車，或不用看說明書就把東西組裝起來。你曾經付出很多努力，過去的經驗全都烙印在你的腦中，你就再也不會輕易忘掉，正因如此，你更精通數學，因為你投入了時間和努力。

　　我希望我有一天在某個學科也能達到那個程度。

看到他對努力的價值的理解，我確信他做得到。

五連塊數獨

這裡是另外一種與眾不同的數獨謎題，由凍腦謎題網站的萊利和塔爾曼提供，收錄於他們的著作《加倍麻煩數獨》（*Double Trouble Sudoku*）。[a] 這當然更難了，你會花一點腦力。由於同一組數字會在每一行和每一列出現**兩次**，因此普通的數獨解題技巧全都打破了。

棋盤分成各有五個方格（五連塊）的區塊，目標是要從 1 到 5 選一個數字填滿空格，填數字的規則如下：(1) 數字 1 到 5 在每個五連塊裡必須出現剛好一次，不多也不少；(2) 數字 1 到 5 在每一行與每一列必須出現恰好**兩次**。

圖中的著色，只是在把五連塊按形狀分類，沒有其他的目的。

a. Philip Riley and Laura Taalman, Brainfreeze Puzzles, *Double Trouble Sudoku* (New York: Puzzlewright, 2014), 189.

2018 年 8 月 9 日

　　我會說我是因為數學的力量、結構和真實性而受到吸引。對我來說，我從沒看過比數學論證更有力的論據（與哲學、法律等方面的論點相比）。它的結構太精采了，你可以從各種有效的方法出發，然後還能走到絕對相同的結論。還有它的〔驚人〕真實性，描述我們的物質世界（我們知道存在的萬物的那個物質世界），以及它在看起來其他一切事物上的應用。說明數學力量的例證，就在我們的宇宙裡：「數學物理學」似乎比「真正的」物理學更早發現與宇宙有關的大部分事物。

　　　　　　　　　　　　　　　　　　　　　　　　　　克里斯

第 9 章

力量

權力不會使人墮落；然而傻瓜如果成了有權勢的人，就會使權力腐敗。

——蕭伯納（George Bernard Shaw）

數學發明的推動力不是推理，而是想像力。

——奧格斯德斯・笛摩根（Augustus de Morgan）

考慮一副 52 張的標準撲克牌。這是很多人用來打牌或變魔術的日常用品，但很少會多想一下。不過，數學讓你有辦法換個新鮮又有力的角度去看這副牌。

一副牌裡的牌會以某種（不一定很特殊的）順序排列，我們接下來會把這稱為這副牌的**配置**。針對一副牌你也許會問的第一個問題是：「一副 52 張牌可能有多少種配置？」你們有些人知道答案，不過因為數學的本質不是做計算，所以我要換個問法。為此，我鼓勵各位憑直覺判斷，不要嘗試計算。下列這些數量哪個最大？

A. 宇宙裡的恆星數

B. 大霹靂（時間的起始點）以來的秒數

C. 一副 52 張撲克牌的可能配置數

現在的這個問題比較有趣了，就留給你想一想。

我們很快就會看到，理解一副撲克牌可以揭露數學很有力量的許多層面。當我們開始從事數學實踐，開啟並發展天生的理性判斷能力，這樣的力量就會成為我們的力量。

力量是全人類的渴望，不過**力量**一詞往往聽起來很負面，權力大的人並非普遍受到讚賞。為了弄清楚原因，我們必須釐清我們講到力量的兩個方面。

第一個涉及到**事物**的力量，如電力，或雨勢強大的雷雨。power（**力量**）這個英文字，源自古法文字 poeir 及更早的拉丁文 potere，

這兩個字也衍生出了 potent（**有力**）和 potential（**潛力**）這兩個英文字，因此有力量的事物會有做某件事的能力。數學探險家講到數學很有力量，通常是指這方面的力量。

第二個方面涉及**人**指揮或影響他人或事件的權力。人可以運用權力做許多好事，但很不幸，情況未必一直如此。當權力遭到濫用，那股力量的動力可能對數學的教學與學習方式產生負面影響。社會學家馬克斯‧韋伯（Max Weber）把**權力**定義成：一個人不顧抵抗，把自己的意圖強加於他人的能力。[1] 韋伯在指威逼的力量，強迫人去做事的能力。不管對作惡者還是受害者，這種力量都不會帶來圓滿幸福。

我比較喜歡用另一個不同的方式思考力量，它會描述最好的那種力量，不論對事還是對人。作家安迪‧柯羅奇（Andy Crouch）提出了這個定義：

> 力量是創造出世界上某個事物的能力……是參與東西製造、意義創造過程的能力，這個過程是人類會做的最獨特之事。[2]

這裡的兩個用語，**東西製造**和**意義創造**，在語意上含糊不清，需要解釋一下。

東西製造所指的不僅是人的力量，還有世界的力量。電力是用來製造東西的一種能量，人製造出東西，改變生活環境。數學家用了一個很貼切的術語來表達這個意思：**變換**（transformation）。就像數學函數讓經過函數處理的物件產生轉變，世界上的生物也會改變自己的環境，宇宙本身就在不斷變換。

　　意義創造是在描述了解世界及為世界賦予意義的能力。它也是有創造性的，需要想像力。人要了解世界，事物不了解世界，但有些東西可以幫助人理解世界，譬如數學。

　　數學探險家會去做這兩件事情。我們製造東西，我們下定義，建結構，證明定理，發展模型；我們也會創造意義，我們建構的模型和符號都賦予了意義。相較之下，電腦也許可以參與製造東西的過程，例如執行任務算出答案，但是（到目前為止還）不會參與意義創造的過程。

　　柯羅奇認為，製造東西、創造意義的力量（**創造性的力量**），是最有深度、最真實的力量。它是圓滿幸福的徵象，不會一直看起來像我們習慣的力量。嬰兒有力量：參與東西製造、意義創造並在過程中成長的能力。德蕾莎修女（Mother Teresa）有力量：透過她對窮人的照料，和她照料的人一起創造共同的意義。

　　然而，由於人有利用創造力做出危害的潛力，所以創造性的力量有可能被扭曲。遭到扭曲時，創造性的力量會變成**強制的力量**。強制的力量會逐漸削弱他人參與東西製造或意義創造的創造性力量。

　　創造性的力量和強制力量同時存在於數學的空間裡：這是數學進行的環境。我們先來檢視數學的創造性力量，並且觀察它的意義創造能力。

　　說**數學力量強大**的意思是什麼？

　　我們回到洗牌的問題，我會利用這個例子說明數學展現力量的所有方式。我要說的是，我是在設法讓你了解數學的強大之處，所以如

果你在過程中不是每件事都懂，別擔心，第一次的時候沒弄懂每個細節，當然沒關係，事實上這很正常，就連數學家都是如此。我們只是飛過這片景色上空，就從 1.5 萬公尺高空享受美景也很不錯。

在開始用數學之眼看這副撲克牌之前，我們先問了一個比較的問題：宇宙裡的恆星數、大霹靂以來的秒數、一副 52 張牌的可能配置數，哪個最大？

由於我們所比較的大數目現在有了意義，因此這會比直接問「一副牌有多少種排序方法？」有趣許多。這說明了數學的一個非常基本的力量：**解釋**的力量。數學講的是理解，而非計算，所以數學探險家不會在做計算的時候停下來。數學探險家會去思考計算的結果，設法解釋它的含意，看看它有沒有道理，看它跟她知道的其他事情一致的程度。

天文學家估計宇宙裡大約有 10^{23} 顆恆星，這個數字是 23 個 10 相乘起來，等於 1 後面有 23 個 0。天文學的證據也顯示，宇宙的年齡大約有 138 億年，也就是 10^{18} 秒不到。一副標準撲克牌的排序方法數可以這麼算：先看第一張牌有幾種選法（52），然後乘上第二張牌的幾種選法（在第一張選定後，就剩 51 種），再乘上第三張牌的選法（在前兩張選定後，就剩 50 種），然後乘上……。把 52 到 1 的所有整數全部相乘起來的乘積，稱為「52 階乘」，記作「52!」，那個驚嘆號就代表「階乘」。（舉例來說，5! 就是 $5 \times 4 \times 3 \times 2 \times 1 = 120$。）使用階乘符號始終會讓我們看起來很興奮，而且有充分的理由：結果 52! 這個數大約等於 10^{68}，把一副牌排序的方法數居然像天文數字這麼多！這遠遠超過宇宙裡的恆星數目，或大霹靂以來的秒

數。還有，如果你花點時間運用你的解釋能力，就會發現：

> 若一副牌從時間誕生之初每秒洗一次牌，距離洗出所有可能的撲
> 克牌配置還早得很呢。

事實上，10^{68} 比 10^{18} 大多了，因此每洗一次牌，洗好的結果極有可能和先前洗過的任何一種配置都不一樣。換句話說：

> 每次洗牌都是在創造歷史！[3]

第二個自然會問的問題是：「需要洗牌多少次，才能讓一副牌充分混合？」讓我們把注意力限於**交錯式洗牌**（riffle shuffle），這是大多數人採用的洗牌法：把整副牌分成兩半，然後以大致交錯的方式把兩疊牌疊在一起。

你可能聽說過，要用交錯式洗牌法洗七次才能充分混合 52 張牌。這是兩位數學家戴夫・拜爾（Dave Bayer）和波西・戴康尼斯（Persi Diaconis）在 1992 年發表的一個定理 [4]，我會在這裡介紹他們的論證的大概思路。

首先，「洗牌多少次」這個問題有點含糊其辭。「充分混合」的意思是什麼？這是數學的另外一種力量：**定義**的力量。數學探險家會嘗試把那些還未適當定義的字詞弄精確。在談混合之前，我們得先描述這副牌的「所知狀態」：這副牌處於這種或那種配置的機率。「機率分布」（probability distribution）會告訴我們撲克牌任何一種配置

出現的可能性有多大。我們已經看到，配置共有 52! 種，也就是約 10^{68} 種，所以機率分布必須具體說明每一種配置出現的機率——如果你逼我寫出來，這份清單會非常長，會有 52! 行，每一行會列出一種配置和對應的機率。

洗牌之前，這副牌一開始可能只有一種配置，所以出現那種配置的機率是 1，而出現其他配置的機率為 0。接著，洗牌增添了某種隨機性。洗牌之後，這副牌的狀態變得比較不確定，有些配置比別的更有可能出現，而機率分布會告訴我們各種配置出現的機率。說明充分混合的一副牌的最好例子，是每種配置出現機率都相同的一副牌，因此我們不會特別知道各張牌狀態。我們可以動用定義的力量，給它一個名稱。

如果一副牌**每種**配置出現的機率都一樣大，我們就稱它是「隨機的」（random）。一副隨機的牌實際上是一個機率分布，在說這副牌 52! 種配置的每一種都有 1/52! 的發生機會。因此，為了衡量一副牌混合得多充分，去量化它與一副隨機的牌的「距離」是合理的，如果可以量化的話。這是數學的另一個有力層面：**量化**的力量。

好了，我們說的「距離」是指什麼？在哪個空間中的距離？數學在這裡又展露了幾種力量：**抽象化**的力量，**視覺化**的力量，**想像**的力量。我們準備運用想像力，想像出一個抽象空間的樣子：這個空間中的每個點都是一個機率分布，這麼一來，各點都代表這副牌的所知狀態（參見下圖）。隨機的牌（無所知）將會是空間中的一點，而空間中的其他點會是其他的機率分布（其他的所知狀態）。我們想知道，我們的所知狀態在每次洗牌後，距離隨機的牌有多遠。

機率分布空間

每個「點」都是列舉了 52! 種配置及其出現機率的清單

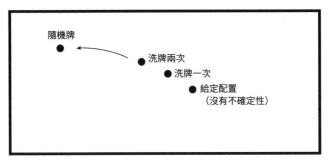

接下來我們就要寫出一個函數，去度量機率分布空間中的點之間的距離，就像你會對真實空間裡的點所做的那樣。我們在這裡可以訓練我們的**創造力**。這的確需要一點創造力，因為會有很多選項任你選擇，舉例來說，如果我想度量世上兩人之間的「距離」，就會有許許多多的選擇，以下是其中幾種：

1. 物理的距離，以公里或英里為單位
2. 友誼的距離（或稱分隔度），兩人之間的最短友誼鏈
3. 飛航時間的距離，經由飛機航行的最短時間
4. 車船時間的距離，經由地面運輸的最短時間
5. 系譜的距離，多少代可以回溯到共同祖先

你可能會想到其他的距離。為了從中作出選擇，我們會運用**制定策略**的力量。數學探險家會學習如何在解題過程中作出策略性的選擇。做數學的普遍迷思是，你要麼知道答案，要麼就不知道。可是實

際上，你會把各種可能的策略都試一試，看看有沒有哪一個行得通，藉此展現數學的力量。

針對洗牌的問題，我們是在一個機率分布空間中。拜爾和戴康尼斯替這個空間選的距離概念，有時叫做「總變異距離」（total variation distance）。在這裡我們不用擔心那到底是什麼，因為我們只談全貌，要讓你能夠理解這個結果。他們之所以選擇這種距離，是因為它在度量一副牌洗過一次之後與一副隨機的牌距離多遠的這方面，有一些很好的性質。

因此我們必須分析洗牌，以及洗牌對機率分布的影響。為此，我們要運用數學的另一個力量：**建構模型**的力量。我們要建構一個模擬洗牌的數學模型，希望它可以準確描述人的洗牌方式。拜爾和戴康尼斯選擇的洗牌模型，叫做吉伯特—夏農—瑞茲洗牌（Gilbert-Shannon-Reeds shuffle，或簡寫成 GSR shuffle），這個模型對於實際上的交錯式洗牌過程是相當好的近似值。這個模型假設這副牌會以「二項分布」（binomially）的方式對切，意思就是這副牌將分成張數為 k 的一疊和張數為 $(52 - k)$ 的一疊，機率會跟丟擲 52 次公正硬幣中有 k 次出現正面的機會相等。接著，讓牌依序從兩疊之中的一疊落下，機率跟目前任一邊未落下的牌數成正比。要注意這種洗牌方式的數學描述會帶有一點隨機性，因為人每次洗牌並不會用一模一樣的方式。舉例來說，這副牌不會始終分成剛好兩半，但兩疊的張數很可能差不多，就像丟 52 枚硬幣，擲出的正面個數與反面個數很可能大致相同。

這個模型的描述看起來可能很沒效率，但正如拜爾和戴康尼斯示範的，GSR 洗牌至少還有四種等價的描述。其中一個是幾何式的描

述，是讓牌像捏揉麵團一樣移動；還有一個是熵的描述，說所有可能的對切和交錯都有相同的可能性（因此比較不平均、交錯較少的切法出現的可能性較小）。描述 GSR 洗牌的方法有很多種，也就凸顯了數學上**多重表徵**的力量；如果一個概念有多種理解方法，你就有能力選擇那個讓問題最容易用你現有的工具去解決的方法。

最容易了解這些表徵的方式，就是把交錯式洗牌推廣成一種叫做「n 洗牌」的情況。這和交錯式洗牌很像，不同之處是，在交錯前你要把一副牌分成 n 份，而不是分成兩半。在數學中，推廣的力量就在於，解一般的問題產生的獨到見解，往往會比解特定的問題還要多。結果發現，先做 n 洗牌再做 m 洗牌，就相當於做一次 mn 洗牌。所以，做兩次普通的交錯式洗牌，就是先做一次 2 洗牌再做一次 2 洗牌，也就是相當於做一次 4 洗牌。接著再做一次交錯式洗牌，就相當於做了一次 8 洗牌。同樣的，用交錯式洗牌法把一副牌洗 k 次，相當於做了一次 2^k 洗牌。

這個有用的概念，會幫助我們看出洗牌的代數結構，凸顯數學上**結構辨識**的力量。數學可讓我們看到先前沒看出的結構，而那個結構可能會令我們著迷，還會暗示該怎麼解決問題。這副牌的另一個結構，是所謂的**上升序列**（rising sequence）。在從左（底牌）至右（頂牌）展開的一副牌中，上升序列就是指牌面大小按順序的牌所構成的最大子集合。舉例來說，下面這十張牌就有三個上升序列：

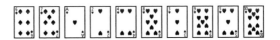

因為 {A, 2, 3} 是一個上升序列，{4, 5} 也是，還有 {6, 7, 8, 9, 10}。在上升序列裡，牌面的值必須是連續的（按照它們在原始依序排好的整副牌裡的出現方式），而在目前這疊牌裡的連續序列必須盡可能延展。所以，{6, 7, 8} 在這裡不是上升序列，因為它還能延長為 {6, 7, 8, 9, 10}。

完全依序排好的一疊牌，只含有一個上升序列：

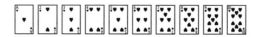

我們來看看這副牌經過交錯式洗牌之後會發生什麼情況。首先，我們用二項分布的方式把牌切成兩小疊，也就是說，這疊牌會分成張數分別為 6 與 4 的兩小疊，且這種分法的機率會等於丟擲公正硬幣十次中有六次出現正面的機率：

接下來我們就要交錯式洗牌，按照與張數成正比的機率，讓兩小疊裡的牌落下。換句話說，A 先落下的機會是 10 分之 6，7 則有 10 分之 4 的機會先落下。假設先落下的牌是 A，那麼下一張落下的牌要麼是 2，有 5/9 的機率，要不就是 7，有 4/9 的機率，因為兩小疊裡現在分別剩 5 張和 4 張牌。假設落下的第二張牌是 7。我們繼續做下去，可能就會得到這個結果：

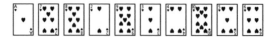

你會看出這疊洗過的牌含有兩個上升序列：{A, 2, 3, 4, 5, 6} 和 {7,

8, 9, 10}。如果再洗一次牌，這兩個上升序列在牌切半時也許都會打散，除非切的方式很不平均，那麼當你交錯放牌，完成洗牌後，最多就會有四個上升序列（如果牌分得不平均或交錯放得不平均，上升序列數就比較少）。同理，如果洗第三次牌，最多會有八個上升序列。（我們在前面已經提過，洗三次牌事實上就相當於一次 8 洗牌，而上升序列會產生自 8 洗牌的八小疊。）

　　了解上升序列會幫助我們看出，在三次洗牌後，不是所有的配置都有可能出現，因為這十張牌的某些配置會有**不止**八個上升序列。事實上，這疊牌順序顛倒之後，會有十個上升序列，因為你必須從左至右走過這些牌十次，才能按大小順序點到所有的牌（因為每次走過只會點到一張牌）：

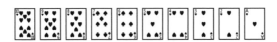

　　你可以利用類似的論證（試試看！），證明對於 52 張牌，在洗了五次牌之後有些配置無法達成。因此，僅靠心智的力量，我們可以確定洗五次牌**還無法**讓牌充分混合，因為這個洗牌次數產生不出每種配置，更別提讓它們有幾乎相同的可能性了。

　　那麼應該會讓我們感到吃驚的是，只要再多洗兩次牌，每種配置就有幾乎相同的出現機率！拜爾和戴康尼斯發現，一次 n 洗牌會產生某種配置的機率，只跟上升序列數、牌數與 n 這個數有關。從這裡他們可以計算出，進行了 2^k 洗牌（相當於做了 k 次交錯式洗牌）的一副牌和隨機牌之間的總變異距離。他們的分析顯示，對於 52 張牌，至少需洗七次牌才會接近隨機的牌，而洗牌超過七次雖然會讓牌更接

近隨機，但並不明顯。所以就這個很能量化的意義上，七次洗牌是 GSR 洗牌把一副牌充分混合，好讓每種配置的可能性幾乎相等的適當次數。

這個結果有幾件可思考的事。第一件事情是，我們對於配置多到比宇宙裡的恆星還要多的一副牌，居然說得出這麼精準的結論，實在很出乎意料！另外一個驚喜是，即使有那麼多配置，洗牌次數只要七次就能讓它們出現的機會都差不多！

在這個延伸的例子中，現在我們已經看到數學的不少力量——解釋、定義、量化、抽象化、視覺化、想像、創造、制定策略、建構模型、多重表徵、推廣及結構辨識。凡是學習數學的人，都將越來越熟習這些力量。這些德行促成了東西製造與意義創造的創造力量。

但就像任何一件好事，數學也可以用有害的方式利用，它的力量可能會扭曲成強制性的，因為人會犯錯。

強制的力量會擾亂其他人行使創造性力量的能力。我們不許別人有機會接受良好的教育，就是在奪走他們用來製造東西的工具。我們不想教「難教」的學生，就是在損害他們追求圓滿幸福的能力。強制的力量限制了其他人為自己或他們的工作創造意義的能力。我們基於種族、性別、宗教信仰、性傾向、社會階層或失能而排斥他人，就是在阻礙他們成為投入的社會參與者。

不久前，女性為了從事數學，還得克服來自大學的極力反對。蘇菲‧科瓦列夫斯卡婭是一位俄羅斯數學家，她在熱傳導和旋轉體運動偏微分方程理論方面提出的重要定理聞名於世，然而當她還在聖彼得

堡和海德堡求學時，卻只能私底下用非正式的身分在大學裡上課。後來她移居到柏林，追隨著名數學家卡爾・懷爾斯特拉斯（Karl Weierstrass）學習，那裡的大學根本不肯讓她上他的課，儘管他替她申訴。所以他私下輔導。當她為博士論文做了夠多的研究，包括讓她在今天為人所知的結果之一，他們才不得不找一所願意頒給她學位的大學。1874 年，哥廷根大學（University of Göttingen）在她本人缺席的情況下，授予她博士學位。她是世上第一位拿到數學博士學位的女性。雖然她的其中一個博士論文研究結果發表在當時最具聲望的德國數學期刊上，但她在德國或俄羅斯都找不到工作。於是她放棄數學，轉行去寫小說和劇評。[5] 倘若六年後她沒回到數學領域，再嘗試一次，我們也許就不會因她後來在數學上的卓越貢獻而獲益了。

科瓦列夫斯卡婭的故事顯示，強制的力量有可能隱藏在社會規範之中，因為「我們一直都是這麼做的」。只要隨口說說現在女性不會再面對這樣的障礙，就很容易排除掉她的例子，不過，考慮一下我們今天認可的哪些社會規範是任何人的阻礙，包括沒明講的和述說清楚的，會大有裨益。我們應該思考自己運用所擁有之力去改變這種規範的能力。

想想那些**並未**戰勝曾限制他們的創造力的人與組織的人。艾麗卡・沃克（Erica Walker）的《除了班尼卡之外》（*Beyond Banneker*）一書講述了過去一世紀來非裔美國數學家的故事，要不是機緣湊巧或有支持者協助他們在數學領域堅持下去，當中有許多位的天賦也許就會被忽視或壓抑。[6] 即使在今天，女性、有色公民及其他弱勢族群想在數學上充分發揮創造力，仍會遇到障礙。

強制性的力量未必是人強加的，有時可能會存在於暗中行使力量的結構中。設計不良的家具會妨礙輪椅族像其他人一樣參與，不必要的限制性先決條件，也許會阻礙低收入學生修高等課程（儘管他們可能已經做好修課的準備了），只因為他們高中時沒有和別人相同的數學機會。社會為了替人的工作、信用等級或升遷「評分」，越來越仰賴演算法，可能會在無意間加深偏見，如果這些演算法設計得不周到，監督得又不透明化的話。[7] 因此我們必須省思，不光是反省自己怎麼運用權力，還要省察我們如何把權力讓給其他事物。

創造性的力量在許多方面有別於強制性的力量。創造性的力量會**增強力量的主體及客體的力量**。想想你在教人一個新的數學技能時會發生什麼事。現在有不止一個人具備那個技能。你只是增強了其他人製造東西及創造意義的能力，你也在成長，變得更會運用你自己的力量。利用數學去為他人服務，也有擴展的影響。解決世上任何一個重大問題（治療癌症、終止饑荒、制止人口販運等等），的確都會牽涉到數學（透過數學思維、建構數學模型或數學輔助的創新），也將拯救很多人的創造性力量。也要考慮一句鼓勵的力量。這不會拿走你身上任何東西，卻會提振鼓舞另一個人。創造性的力量是**謙卑的**，會優先考慮他人，設法激發他人身上的創造力。強制性的力量就不可能這麼做。當學生成績不好的時候，謙卑的數學老師會問：「我可以有什麼不同的做法？」而不是問：「他們是怎麼搞的？」創造性的力量是**有所犧牲的**。父母花時間陪孩子學習，來擴展孩子的創造性力量。在追求這種創造性的力量時，你也養成了隨之而生的德行：具備**謙卑、願意犧牲、令人鼓舞的品格**，有**服務之心**，以及**在他人身上激發創造**

力的決心。

無獨有偶，教育行動派帕克·帕爾默（Parker Palmer）也提供了這樣的看法：

> 老師擁有創造學習環境的力量，就看是可以協助學生大量學習的環境，還是妨礙他們學習很多東西。教學是創造那些學習環境的有意行動，好的教學有賴我們了解意圖與行動兩者的內在源頭。[8]

有效運用數學、教數學或學習數學，需要認真思考力量的動態：人與人如何互動，誰握有權力，誰擁有自由而誰受到束縛，誰受到鼓舞而誰無從發揮，誰包括在內但誰被排除，不管是暗著還是明著。這些都是力量的問題。如果有什麼簡單的準則可引導你在力量方面的行動，那非這個德行莫屬：創造性的力量會**提升人的自尊**。「授權」某人的意思是什麼？意思是肯定他們身為有創造力的人的自尊。

我們也必須明白，在崩壞的世界裡，力量往往是不勞而獲的，而且不只有落到會善用的人手中。因此，隨著我們越來越有力量，讓創造性的力量而非強制性的力量增強，你我就有責任利用力量行善。創造性的力量不僅僅負責發揮關鍵作用，讓創造性的力量變強，不只是為了完成事情。你這麼做，是為了當個更好的人，為了讓德行成長，為了在所有的數學空間中提升自尊──提升你自己的，以及你周圍的人的自尊。

權力指標

政治體系中的權力影響到我們的日常生活，所以數學家與政治科學家已經發展出量化權力的模型，應該就不令人意外了。夏普力—舒比克權力指數（Shapley-Shubik power index）就是這樣的模型。

假設你有一個 100 人組成的決策團體，分成 A 組（50 人）、B 組（49 人）、C 組（僅 1 人）。為了通過某項法案，需要 51 人贊成，但由三組人馬共同投票。如果仔細想想，C 組儘管只有 1 人，但對結果有可能產生相當大的影響。美國在 2017 年就發生過這種情況，在 50 位參議員聲稱會反對廢除，49 位聲稱會贊成廢除之後，參議員約翰・馬侃（John McCain）的一票保住了歐巴馬總統的健保法案。

量化這種影響的方法之一，是想像各組投票人按某種順序走進房間，然後形成一個不斷變大的聯盟；當這個聯盟的大小剛好大到通過一項法案，我們就稱進入房間的這個投票組為關鍵組。一個投票組的夏普力—舒比克指數，就是讓那一組成為**關鍵組**的排序分數。

在我們的例子中，三組有六種排序：ABC、ACB、BAC、BCA、CAB、CBA（關鍵組以粗體字表示）。舉例來說，A 組在四種排序中是關鍵組，包括 BAC（因為 B 組自己沒有 51 票）與 BCA（因為 B、C 兩組加起來沒有 51 票）。B 組只有在 ABC 中是關鍵組，而 C 組只有在 ACB 中是關鍵組。因此，A 組的夏普力—舒比克指數是 4/6，B 組是 1/6，C 組也是 1/6。根據這種衡量權力的標準，C 組裡的 1 人執掌的權力跟 B 組裡的 49 人合起來的權力一樣大。

如果 A 組有 48 人，B 組有 49 人，C 組有 3 人，三個組的權力指數會變成多少？請試一試。在分析 2017 年發生的事情時，如果你想把蘇珊・柯林斯（Susan Collins）、麗莎・穆考斯基（Lisa Murkowski）、馬侃三位共和黨參議員視為一個聯盟，在進行表決時未配合黨團投票廢除健保法案，這就會是另一種分析方式。

　　艾倫‧泰勒（Alan Taylor）和艾莉森‧帕切里（Allison Pacelli）在他們合著的《數學與政治》（*Mathematics and Politics*）一書中，分析美國總統（在包括眾議院和參議院的聯邦體系中）的權力，發現大約是16%。你也會在書裡看到關於其他國家政治體系及其他權力概念的討論。[a]

a. Alan D. Taylor and Allison M. Pacelli, *Mathematics and Politics: Strategy, Voting, Power, and Proof* (New York: Springer, 2009). 三組分別有 49 人、50 人與 1 人的例子，出現在另一本書中：Steven Brams, *Game Theory and Politics* (New York: Free Press, 1975)，頁 158–64。

2018 年 6 月 3 日

　　我現在才知道你之前大概嘗試 email 給我幾次，可是我從 4 月 16 日以後都在「隔離套房」（關禁閉）[a]：從我進來〔這所監獄〕，我就一直在寫針對獄方的管理抱怨文。我不知道是不是這個原因還是其他的原因，但是獄方捏造了一件對我不利的事，就把我關在這裡。

克里斯

a. 這是單獨監禁的俗語（此處的英文是 the hole）。在這之前的幾個月，我和克里斯一直透過監獄有限的 email 系統通信，所以幾個星期沒收到他的回信，就讓我開始擔心起來。一透過這封信跟他聯繫上，我們就恢復普通的書信往來。克里斯單獨監禁了五個月，大部分時候是和其他受刑人隔絕的。他在 2018 年 8 月用絕食來抗議自己所受的對待，總共進行了二十六天。發生這件事的地點不是松節監獄，也不是他目前所待的拘留所。

∞第 10 章∞
正義

正義。

隨時準備承認，另一個人與我們看見他在場（或想到他）時讀懂的很不同。

更確切地說，要從他身上看出他必定是不同的人，

也許是與我們從他身上看出的人全然不同。

每個人都在默默呼喊，渴望他人看出不一樣的自己。

——西蒙·韋伊

　　我最喜歡的中式餐廳供應正宗的中國菜，就像我父母以前做的那些菜，當你點了主菜，他們還會送上開胃小菜和甜點！很划算，所以我不會抱怨開胃菜（油炸乾麵）和甜點（果凍）本身不道地。

　　但有一天，我和一位說中文的朋友一起去那間餐館。開胃菜上來了，不是油炸乾麵，而是美味可口的醃黃瓜。然而我的朋友剛才並沒有提什麼特別的要求，還有，最後端來的甜點居然是紅豆湯──我小時候最喜歡的！為什麼我之前都沒有吃到這個？

　　我開始看出一個模式：當我和非亞裔的朋友一起去，我會吃到油炸乾麵和果凍，但當我和亞裔的朋友一起去時，我連問都不用問就有好吃的。

　　後來我注意到，我的華裔朋友還拿到全然不同的菜單（私房菜單），上頭有更道地的菜色。我環顧整間餐廳，注意到一個古怪的景象：並肩坐在同一個空間裡的人有著截然不同的體驗，非亞洲人從標準菜單點菜，甜點是果凍，但亞洲人從私房菜單點菜，有紅豆湯可以享用。

　　他們告訴我：「那個菜單上的菜色你不會喜歡的。」即使我有華裔血統，服務生還是認為我對道地的中國菜一定不感興趣，就因為我說一口流利的英語。

　　在家裡和課堂上的數學空間，也有可能像這間餐廳。我們會給誰偷看一眼私房數學菜單？我們會跟誰分享數學樂趣──謎題、遊戲、玩具？會讓誰進入我們的數學資訊圈──新聞、影片、社群媒體貼文？我們應該引導誰做更多數學，勸阻誰不要做？我們在做哪些有意識或無意識的假設？

　　明美（Akemi）是我的學生，在讀大學的時候和我一起做數學研究。她有一篇創新的論文，把賽局理論（關於決策的數學模型設計）和譜系發育學（phylogenetics，研究生物之間的親緣關係）聯繫起來，後來發表於評價很高的數學生物學期刊。明美進了一所頂尖的研究型大學，攻讀數學博士學位，所以得知她讀了一年就放棄，讓我覺得很驚訝。

　　她告訴我，她有很多不好的經歷。她的指導教授一直不願意和她會面討論，而且還曾因女性的身分感到不自在。她說了一個例子：

　　那門課一開始，我的作業一直得到 10/10 的分數，評分的是助教。有一天傑夫〔我們共同的朋友〕告訴我，他和我們的助教出去閒混，有人問助教分析課的情況怎麼樣。他就不停地講到有個叫明美的「傢伙」，作業做得多棒，寫得多清楚，諸如此類。傑夫告訴他我是女生，讓他嚇了一跳。（傑夫告訴我這個故事，是因為他覺得居然有人不能從我的名字看出我的性別，得知之後的反應還這麼誇張，實在很有趣。）從那之後，我的作業沒有再接近 10/10，我的考試分數也打得同樣嚴苛，扣分的理由多半含糊不清，還附了像「要再寫詳細一點」這樣的評語。那時我不覺得我對上課內容的理解減少得這麼快或誇張，但我猜事情可能是這樣，我只是在曲解情況。

　　如果你覺得這個狀況有什麼地方不對勁，你就是在感受圓滿幸福

的徵兆：對正義的渴望。正義是人的基本渴望。

　　正義是指公平對待他人，給每個人應有的對待。這代表要為弱勢者，為最有可能受到不公平對待的人發聲。有些宗教傳統，包括我自己的信仰，主張照顧孤兒、寡婦、移民和窮人。我在數學界也看到了這類的人：沒有擁護者的、沒有活躍數學家族的、剛接觸數學的，以及沒有資源或沒機會接近數學的。這些都是數學上的弱勢者。

　　有的人把正義分成兩類：**基本的正義**（primary justice）和**矯正的正義**（rectifying justice）。[1] 兩種都很重要。基本正義牽涉到理想的關係：以尊嚴謹慎對待每個人，並建立起支持這些目標的社會實踐和制度。當我們公正對待他人，也受到公正的對待，我們就會感到圓滿幸福。

　　矯正的正義就是發現出錯的地方，然後設法改正。如果基本正義是尋常的事，就不需要矯正正義。但不公不義無處不在，強制性的權力關係是有害的，人與制度可能會在不知不覺中助長了不公平的事。

　　西蒙·韋伊領悟到，修正不公不義必須改變我們看待他人的方式。「每個人都在默默呼喊，渴望他人看出」、評斷出「不一樣的自己」。明美希望助教公平地評斷她，但她的助教可能還沒意識到自己在做什麼。這就是**隱含偏見**的問題：那些隱約影響我們做決定的不自覺刻板印象。在指謫明美的助教之前，我們必須領悟到，用不同方式讀懂他人的這個問題，要從我們自身做起。我參加過的判斷評測，透露了我的隱含偏見；這些評測幫助我用一種令人信服的方式，看到自己是有怎樣的偏見，即使我設法不要有偏見。[2]

　　每個人都有隱含偏見。很多實驗證實了以下這種結果：當拿到兩

份幾乎相同的簡歷，只是其中一份上頭的名字帶有正面的刻板印象，另一份帶有負面的刻板印象（這取決於環境，但通常是女性或少數族群），評判者會給帶有正面刻板印象的簡歷較高分。即使評判者來自帶有負面刻板印象的群體，還是會發生這種情況。類似的研究也證實，數學成績與老師和家長的刻板印象相關。舉例來說，2018 年有一項針對小學數學考試成績所做的研究，結果顯示，和不知道學生身分的外部評量人員比起來，老師給女生的分數比較低（給男生的分數較高），而且這種偏見的長期影響會持續到以後的階段：那些女孩到高中時比較不可能選修進階數學課。[3] 2019 年做的一項研究則顯示，中學生分派給性別刻板印象較強的老師時，數學成績的性別差距會大幅增加，導致女生變得比較沒自信，表現不佳，自己選擇進入要求較低的高中。[4] 父母的態度和刻板印象，讓問題惡化。這些爭議對女性和少數族群的影響大得不成比例。

如果你相信數學是在使人類圓滿幸福，然後去看看從事數學研究或職業的那些人的人口統計資料，你會失望地發現，我們並沒有幫助所有人圓滿幸福。在所有的種族和族裔中，打算讀 STEM（科學、技術、工程、數學）科系的大學生有相同的比例，但占比過低的少數族群中，讀完 STEM 學位的比例只比其他群體比例的一半高不了多少。[5] 總的來說，低收入和家裡第一個讀大學的學生完成學業的比例，遠低於不是家裡第一個讀大學的，這項挑戰也影響到 STEM 學科。[6] 女性沒讀完 STEM 博士課程的比例高於男性。在 STEM 管道的末端，人口統計資料絕大多數是社會經濟背景較高的白人與男性。[7] 我們正在失去許多對 STEM 感興趣的人，但在邊緣化群體中，損失更為明

顯——這是一種非常不公平的情況。

　　就連談百分比也會讓這聽起來好像我們生活在一個零和的世界，彷彿一個人即將踏進 STEM 專業就代表另一個人沒有進入。與這種看法相反的是，隨著我們越來越依賴 STEM，世界也會需要越來越多具備數學技能的人。總統科學科技顧問會議（President's Council of Advisors on Science and Technology）在 2012 年的報告《力求卓越》（*Engage to Excel*）估計，美國為了維持自己在 STEM 領域的傑出地位，未來十年本身需要培養的 STEM 畢業生，必須比目前預計的**再多** 100 萬人。這甚至沒有強調大家早就知道的事：當天分受到忽視，當我們不培養那些可發現有益眾人的事物的人，我們都會蒙受損失。一個社會裡的人如果沒有充分發揮潛力，這個社會就不會圓滿幸福。

　　為了矯正不公不義之事，我們就必須談論可能把人隔開的難題，如種族、性別、性取向、社會階層、城鄉差距，以及讓一些人在數學上被邊緣化的其他相關方式。這種對話可能會引發複雜的情緒。我們必須能夠更自在地談論麻煩的話題，傾聽彼此的經歷，聽出其中的痛苦。如果你想以尊嚴對待別人，而他們覺得受委屈，那麼就不要忽視他們的痛苦，你要問：「你遇到什麼困難？」

　　光說「我不去想那些事，我都一視同仁」是不夠的，因為在任何一個社群裡，任何一個成員的境況都會影響到全體。我們這些屬於邊緣化群體的人不奢望說出：「我不去想那些事」，因為我們每天都會受那些事影響。

　　所以我要來勉勵所有的人，去嘗試展開這些對話，立刻傾聽，慢點發言，在說出欠考慮的話時互相包容。如果開始有了對話，這些情

況就會發生，如果犯錯了，就必須向對方展現善意，這總比不說話來得好。

我要分享我在種族方面的一些親身經歷。我是華裔美國人，在德州的白人與拉丁美洲裔混居地區長大，很早就發覺我家的習慣和我的朋友不同，我的穿著不一樣，飯盒裡的食物也不一樣，這些事情讓我與人格格不入。我老是被人欺負。我想當個白人。我幾乎沒有亞裔美國人的榜樣可效法。我記得我母親總是在記者宗毓華出現時，把我叫到電視機前，因為很難得在媒體上看到長相跟我們很像的人。只要有亞裔美國人上新聞，我爸爸就會剪報。當個亞洲人令我很難為情，所以我努力裝白人的樣子，就算看起來不是白人。這表示我會公開否定任何跟亞洲人有關的東西，不對中國菜表現出興趣，不談中國習俗，同時我又會把我的髮型、穿著和說話風格，改變得像我的朋友一樣。

但在華人社群裡，我也無法融入。我不會說中文，我的舉止不像華人。在中式餐廳，人家把我當成白人，這也是我在正宗中餐館從來沒看過私房菜單的原因。像我這樣的亞裔美國人，常覺得我們生活在兩種文化之間，總是被當成外人，未曾完全融入任何一邊。

但在某些方面我也從亞洲人的身分得到好處。大家因為我是亞裔而認為我數學很好。我從來沒有讓人勸阻我選修某門數學課（這在我的女性朋友身上就發生過），或詢問我是不是某個數學會議的與會者（我的一些非裔美國朋友就遇過類似的狀況）。然而即使我獲得了好處，我還是知道有些亞裔朋友因為不符合這種刻板印象而覺得難堪。

我第一次覺得自己不是少數族群，是在我搬到有很多亞裔美國人

的加州之後。在德州，我經常會遇到有人出於善意問我：「你英文說得真好！你是哪裡人？」我就會說：「德州。」然後我必然會聽到：「不是啦，我的意思是你從**哪個國家**來的？」這種情況在加州比較少遇到，而且不必反駁那些言語上的諷刺意味，讓我有一種自由自在的感覺。

如今我習慣參加數學會議，看到一張張白人臉孔，所以當我獲選為美國數學協會主席時，專門寫亞裔美國人種族議題的知名部落客「憤怒亞裔男」（Angry Asian Man）為此事發表了一篇貼文，連我都有點驚訝。

「憤怒亞裔男」看了美國數學協會網站上一百年來歷任主席的照片，考慮到他預期在數學領域找到多少亞裔，結果驚訝地發現除了我之外全是白人，還在網誌上發表一篇貼文，下了一個嘲諷式的標題「終於有個數學好的亞洲人了」。[8]

我是美國數學協會第一個有色公民出身的主席。在考慮誰會成為優秀的領袖時，很容易忽略少數族群，亞洲人也包括在內。這也許不是故意的，但當有人要我們想想誰適合這個或那個職務時，我們想到的人選經常和已經在任的人很像，隱含的偏見不知不覺就形成了。我們沒有意識到，自己可能會從形形色色的人身上，從新的專業知識、新穎有趣的想法得到什麼。由於這些不存在的聲音，數學領域本身比較貧乏。數學教育教授若雪兒・古提耶瑞茲（Rochelle Gutiérrez）提醒我們，不單單是人需要數學，數學也需要各種類型的人，才能以新的方式成長：「假設是某些人將會因為生活中有了數學而獲得好處，而不是數學領域將會因為有這些人而受惠。」[9]

　　我提出這番討論，是出於我對所有數學探險家社群的深厚感情。我希望我們圓滿幸福，騰出空間歡迎來自不同背景的新探險家，而且可以做得更好。

　　除了深受隱含偏見之害，數學界還有其他誤判人的情況。

　　我們假設成績是衡量數學前途的標準。這並非正確的假設，原因有很多。過去我常常擔心，在大學數學課拿到 B 的學生在研究所不會讀得很順利，但我現在已經看到其中很多人取得博士學位，成為數學家。

　　成績是判斷進步的標準，而不是判斷前途的標準，每個人的數學能力各不相同。你看到的是此刻的情況，但看不到整條軌跡。你無法知道大家在日後會如何發展，但可以幫助他們到達他們想去的地方。對於在數學上遇到困難的人，我們應該盡力扶持，而不是降低期望。

　　我們很容易根據得自親身經驗的看法，設想別人為什麼沒有很好的數學表現。我們無法想像自己未曾經歷過的其他可能狀況。我們不可能總是知道某個人遇到什麼私人問題。有個學生有一次淚眼汪汪地告訴我，她因為父母親不會說英文，花了很久才把助學金申請表填寫好。她的家人是移民，希望她每個週末都待在家裡，但她家的環境不適合做作業。大學是一種文化衝擊，有許多不成文的規定。這個學生當時在處理很多複雜的現實問題，由於這些現實問題，她沒辦法拿出最好的表現。

　　克里斯多福・傑克森也有他自己的複雜現實問題。他在監獄裡自修數學，大多數時候是與人隔絕的。他已經離開學校至少十年了。他

正在發展自己的數學學習與表達方式。期望他用我習慣的方式來傳遞數學是不切實際的，我很確定，傳統的評量方式反映不出他真正理解了多少。

成績不好不應該用來當作剝奪學生學習機會的藉口。有些中小學和幼稚園會採取課程分軌的做法，也就是依據成績把低成就的學生分到沒有前途的修課進程，這是非常不公平的。分到「低」軌的學生，會在不知不覺中形成偏見。這些學生修到的課程不會幫他們做好上大學和就業的準備，接觸到的老師比較缺乏經驗，指派的習題需要死記硬背，而不是豐富的意義創造活動。他們在數學上沒辦法成長。課程分軌這種強制性的做法必須改掉。[10]

我們假設數學學習與文化無關。這是個常見的假設，特別是你不屬於邊緣化群體的話。這個假設會導致我們做出不準確的學生能力評量。有位數學家朋友跟我分享了這個例子：

> 某次考試的時候，我問了下面這個經典的費米問題：「請估算住在我們這座城市裡的鋼琴調音師有多少人。」有個學生膽怯地舉起手，低聲問我：「調音師是什麼？」其他的學生以為，優秀的鋼琴演奏家會替自己的鋼琴調音，就像吉他手會自己調音。有的學生認為鋼琴調音師會在樂器行裡工作。只有少數學生知道鋼琴大概多久要調音一次，或替鋼琴調一次音要花多少時間。這個例子讓我看清，在處理看似數學問題，但會引發各種文化或經驗相關議題的問題時，個人經歷是多麼重要。

我本來可能會是感到茫然不解的其中一個學生，因為鋼琴對我來說不是家用之物。現在想像某個缺乏必需的文化經驗，卻經常遇到這種障礙的學生。他們會有歸屬感嗎？文化隔閡在所難免，但如果我們有意識到，就可以減少這些隔閡的影響。

數學教育教授威廉・泰特（William Tate）指出，這種經歷對於數學領域的非裔美國兒童來說很常見，他們常遇到基於白人中產階級規範的教學，他主張，讓教學法與非裔美國學生過活的現實世界產生連結，對公平教學是極其重要的。[11] 他主張老師用「中心式」的觀點：允許並期盼學生在解決問題時以他們自己的文化及社群經驗為中心，鼓勵學生思考如何從班級、學校與社會裡不同成員的角度，去看待同一個問題。舉例來說，老師可以換個方式重問那個跟鋼琴調音師有關的估算問題，譬如用學生推選與他們的日常生活或努力目標有關的主題來當題材。

我們假設某些人不會學好數學，所以就把他們推開，不讓他們接近數學。「那個菜單上的菜色你不會喜歡的。」但如果你相信數學在使人圓滿幸福，你為什麼還會這麼做？

2015 年，我有幸帶領「數學科學研究所大學生研習計畫」（MSRI Undergraduate Program），這個暑期研習計畫主要針對少數族群背景的學生：西班牙語裔美國人、非裔美國人和家裡第一個讀大學的學生。後來我要他們告訴我，他們在做數學時遇到的障礙。他們在那年夏天表現得很出色，其中一位告訴我她開學後上分析課時的經驗：

雖然這門課非常難，但更難熬的是遭受教授的羞辱。他讓我們覺得我們不配學數學，甚至叫我們轉到「比較輕鬆」的專業。

由於這段經驗和其他的經歷，她轉讀工程了。

我把話講白了吧：完全沒有理由告訴哪個人她不該做數學。那是她的決定，不是你的。你可能不知道她能夠做到什麼程度。我有位朋友現在是數學教授，他講到學生時代發生在他身上的插曲：

這個教授跟我展開了一次私下的研究室對話，劈頭就是「我覺得我大概只是出於好意才告訴你……」，後面是對我實際上根本不適合走數學這條路明白表示擔憂。從那之後，我並沒有表現得那麼糟糕，我必須補句公道話，那個教授多年後找到我，為當年那番評語道歉。我把這個人當作朋友，但在我指導我們的研究生訓練課程時，我確實會強調，凡是以「我覺得我只是出於好意才告訴你」起頭的對話，幾乎絕對不會是好意。

看看我的朋友，現在可是有成就的數學家。發表這樣的看法，太容易反映個人偏見和有限的資訊了。

另外一個參加 MSRI 大學生研習計畫的學生奧斯卡（Oscar），告訴我他主修數學的經驗。由於經歷不同，他不像同學在進大學前就有大學預修課程考試成績可以抵學分：

可是在上複變分析課時，我注意到自己的學習軌跡很不一樣。有個學生在黑板上解題，過程中需要一點複雜的推導。他們跳過了幾步，只說：「我想我不用仔細寫出代數運算⋯⋯反正在座的人都免修微積分了！」我的教授點頭以示同意，一些學生也笑了。我平靜地發言說，微積分是我在這裡的第一堂課。我的教授真的很驚訝說：「哇，我不知道這件事！這挺有意思的。」我不確定該為自己並非數學生涯一路順遂的「典型數學系學生」，感到自豪還是難堪。知道自己儘管沒有很好的起跑點，但還是在攻讀數學，這讓我引以自豪，但我不禁感覺自己好像一開始就不適合坐在那間教室裡。

奧斯卡當初之所以選修那門課，是另一位教授的大力支持。奧斯卡說：

她提供我第一個研究機會，還一直鼓勵我選修高等數學。我也可以向她吐露我在數學系上身為少數族群的許多內心掙扎，因為她是女性，也有類似的親身經歷！我的複變分析教授後來也是我的指導老師之一。我認為那只是個有意思的片刻，因為當時她沒有意識到自己的反應可能會對我造成傷害（我也認為她未必有錯！）。倒不如說，她的反應進一步加重了我身為數學底子差的少數族群而產生的不安全感。

奧斯卡的底子其實不「差」，他的求學經歷很標準。我很高興跟

大家說，奧斯卡和他那年暑假的研習營學員，已經把他們的研究成果寫成一篇論文發表了，他現在在讀研究所。

在奧斯卡的故事中，你聽到了有人支持的重要性，這個人會說：「我看到你了，我覺得你在數學上會有不錯的發展。」每個人都可以運用這種鼓勵，但這對於已有很多聲音說他們不適合走這條路的邊緣化群體，可能格外重要。你可以擔任那個支持者嗎？

我們必須留意，不要建立出會讓求學經歷欠佳的人處於劣勢或讓他們感覺格格不入的學習結構。我在哈佛教書的時候，微積分課開了一個普通班，一個優等班 Math 25，在這之上還有一個超級優等班，叫做 Math 55，專門開給那些數學底子非常強的學生。諷刺的是，我經常遇到因為沒進超級優等班，而自覺不適合讀數學的**優等班**學生。我必須不斷告訴他們「背景不等於能力」，讓他們安心。我希望大學與研究所的入學也能記住這一點。數學家比爾・維雷茲（Bill Velez）談到研究生階段遇到的障礙時說：「在數學上我們重視創造力，但評鑑學生的知識。科系築起障礙來控制入學申請，而且有成效。非常受歡迎的科系很少有少數族群的學生。」

尋求正義可以成為學習數學的動機，替數學裡的弱勢者矯正存在於數學學習空間的不公不義：需要支持者的「孤兒」，需要數學社群的「寡婦」，剛涉足數學的「移民」，以及面對機會障礙的「窮人」。在數學上追求正義的人，會培養出**以同理心對待邊緣化群體、關切受壓迫者**的德行。有時我們要等到開始睜開眼睛，看見了弱勢者所看見的，才會認識到他們經歷的持續壓迫重擔。我們這些握有權力

的，必須幫助那些沒有權力的。

數學老師賈許‧威爾克森（Josh Wilkerson）與德州奧斯汀的遊民部門合作，讓他的 AP 統計學課參與一項提供調查研究及數據分析的服務學習計畫。修課的學生讀了很多關於無家可歸的「非數學」資料，以打破他們對於人為什麼容易變成遊民的假設。他們還做了一個調查，並和以前是遊民的人面對面交談。就像威爾克森說的：「但願他們認識到每個數據點背後都是一個人，那個人是有故事的，而這個故事很重要。」

追求正義會讓我們**願意挑戰現狀**。許多不公不義之事根深柢固於制度的運作方式之中，不論是在學校、工作場所還是家裡。大家始終拿到不一樣的菜單，沒有人說什麼。存在已久的不公平很難認定，因為我們身在其中，而且一直都知道這些事。我們需要曠野中的哭聲，來引起大家關注我們必須改變的方式，以便在數學空間中用尊嚴謹慎對待每一個人。

我夢想有那麼一天，私房菜單不再私藏，所有的人都受到鼓勵，培養出自己的數學品味，有朝一日成為數學料理的行家甚至主廚。

分租協調

我們只談了數學社群裡的行為，但你也可以用數學研究正義的概念。在數學和經濟學的交集有一個領域，稱為「公平劃分」（fair division），這個領域跟如何把東西公平分給幾個人有關。典型的問題是：「蛋糕怎麼切才公平？」數學就是在用集合或函數模擬人的喜好。我一遇到這個問題，就開始做這個領域的研究：

你和你在大學裡的朋友決定合租房子，而且已經找到了合意的房子。只不過，那間房子的房間大小不一，各有特色，你們每個人也各有不同的喜好。你們總是可以分租並定出房間租金，讓每個人都想租不同的房間？

答案是肯定的，在平和的條件下——以下是我在 1999 年證明出來的結果：

分租協調定理

假設下列這些條件成立：

1. （好房子）在任何一種分租情況中，每個人都會覺得某個房間在建議的租金下是可以接受的。
2. （選定的偏好）如果在租金有變動，接近極限租金劃分的時候，某個人比較喜歡某一間房，那麼這個人還會繼續偏愛極限租金劃分的那個房間。
3. （吝嗇的房客）一個人總是寧可選不用錢的房間，而不選要花錢的房間。

於是就有了一種租金劃分，讓每個人都喜歡不同的房間。

　　它的證明牽涉到幾何學與組合數學（跟計數東西的方法有關的研究）的概念，並產生了一個尋找公平分攤租金的程序。有位《紐約時報》的記者用了我的程序，解決他的租金分攤問題，然後在一篇文章裡寫到這件事，還發行了一個執行此程序的互動式應用程式。我鼓勵你試試看那個網路應用程式。[a]

　　附帶一提，如果你去掉吝嗇房客的條件，這個定理仍然是對的，只是你必須允許租金是負值；換句話說，你還是可以找到解法，但可能需要付錢請人來和你同住！

a. 這個分租協調結果可參見 Francis E. Su, "Rental Harmony: Sperner's Lemma in Fair Division," *American Mathematical Monthly* 106 (1999): 930–42。《紐約時報》的文章請見 Albert Sun, "To Divide the Rent, Start with a Triangle," *New York Times*, April 28, 2014, https://www.nytimes.com/2014/04/29/science/to-divide-the-rent-start-with-a-triangle.html；互動式網路應用程式在此：https://www.nytimes.com/interactive/2014/science/rent-division-calculator.html。

2018 年 9 月 5 日

　　我很感激你為了我努力打電話到這裡；每個人在外面所做的一切，真的開始產生效果，我大概很快就會出去了。我在 8/31 收到了你的信（他們從 8/16 到 8/28 把我送醫觀察，那段時間我都沒有收郵件）。但願我能寄 email 讓你知道這件事（我已經絕食抗議二十四天，而在過去五天見了我的獄監三次——在那之前有一個半月沒見到他），因為看起來我和獄方已經達成決議，這件事很快就會結束了。大概明天就知道了。

　　我從你身上學到的一件重要事情是，數學跟概念有關，不見得是只在數學內部的概念，還包括與數學平行的概念。（我快要離題了。）我記得我第一次進入概念領域的時候⋯⋯那年我十六歲，住在青少年之家；當時的社工給了我三本書，〔包括〕《孫子兵法》，很棒的書，儘管書名可能會讓一些人望而生畏，它在哲學層面甚至形而上的層面處理衝突，不論是內部的、外部的、個人的、人與人之間的，或其他諸如此類的⋯⋯這些書燃起我對哲學的興趣，隨後轉向政治、經濟、商業，最後又回到數學。

　　（9/9/2018 更新：我在 9/7/2018 結束絕食抗議。我被指示要去另一個監獄——下星期我應該就會坐在車上離開這裡了。我還沒吃飯的時候就開始寫這封信，因為我知道我想寫什麼，但我的血糖值平均在 65 左右，所以寫得越來越費力。）

　　透過我遇到的每一個新觀念，不管是學科本身的還是跨學科的，

我會開始注意到最重要的觀念：秩序、關係、組織、結構、過程⋯⋯

　　我從你身上得知數學和概念有關，這就讓我不得不問，你認為數學把這些概念融合在一起了嗎？

克里斯

第 11 章

自由

任何一個老師都可以帶孩子去教室，但不是每個老師都能讓他學習。

除非他覺得自己是自由的，不論忙碌還是休息，否則他不會學習；

他必須先感受到勝利的興奮和失望的心沉，

然後才能起勁地打開令他反感的作業，

決心勇敢又雀躍地讀過平淡乏味的課本。

——海倫・凱勒（Helen Keller）

自由對每個人提出了非常大的要求。隨自由而來的是責任。

——艾蘭諾・羅斯福（Eleanor Roosevelt）

　　我以為我為這個場合選了恰當的故事。聚在我面前的，是一群熱切的拉美裔和非裔孩童，他們來自洛杉磯的一個貧民住宅區。這個星期六的早上，我在支援一個志工讀書給孩子聽的計畫。我選了一本在講去海灘玩的有趣繪本，我覺得它會很受歡迎。但在我用最熱情的聲音讀了幾頁之後，可以看出孩子們並沒有同樣的熱情。

　　我停頓了一下，問他們：「你們有多少人去過海灘？」

　　令我驚訝的是，八個孩子當中只有一個舉手，儘管洛杉磯的這個區域距離海邊只有 24 公里。去海灘不是加州人最典型的活動嗎？

　　回想起來，我意識到在低收入住宅區，父母經常要多兼幾份工作來勉強維持生計，所以可能沒有時間或財力開車去海邊。當我的一位非裔美國朋友聽到這個故事時，他向我解釋非裔美國人如何因為種族隔離制度，而被蓄意阻擋在海灘和游泳池之外，不僅在南方，而是在全美國，包括洛杉磯。我完全不知道這一點。

　　哎呀，我沒注意到讓這些孩子無法去海灘的重要歷史、文化和經濟脈絡。這件事讓我反省該如何激勵我的學生從事數學。我沒注意到哪些應該更了解的脈絡？曾經塑造或正在塑造他們的主要經歷是什麼？那些經歷有沒有給數學學習帶來阻礙或機會？它們為從事數學研究帶來什麼獨特的優勢？數學空間在哪些方面雖說是「所有人都可以進入」，但仍然感覺是有限制出入的，就像海灘一樣？

　　對我來說，海灘成了各種自由的隱喻，這些自由是做數學的特徵，有些人被賦予了自由，有些人卻被剝奪了。就像它們應該出現在每座海灘上，我們將要討論的自由也應該出現在每個數學空間中。對於那些有幸體驗數學的人來說，這些自由是做數學的吸引力之一。相

反的，若剝奪了這些自由，會致使許多人對數學感到恐懼和焦慮。

自由是人的基本渴望。它是歷史上重要的人權運動背後的核心理念，也是圓滿幸福的徵象。我們追求大規模的自由——想想老羅斯福總統（Franklin D. Roosevelt）說過的，所有人都應該擁有的四大自由：言論自由、宗教自由、免於匱乏的自由、免於恐懼的自由。我們也尋求小規模，但感覺同樣重要的自由，例如支配時間的自由，或自己做決定的自由。

我想強調五個對於做數學很重要的自由：知識的自由、探索的自由、理解的自由、想像的自由、受到歡迎的自由。身為數學探險家，你應該了解這些自由，這樣才可以為自己爭取，並立志為你遇到的每個人實現這些自由。

知識的自由很容易低估，因為如果你有這種自由，就會視為理所當然；如果沒有，則完全不知道你錯失了什麼。假如你要體驗海灘的自由，就得對海灘有大概的認識，知道它提供的多種消遣選項，知道怎麼游泳、衝浪、潛水、晒出古銅膚色、野餐、打排球等等。對去過海灘的人來說，這些事都很平淡無奇，可是如果你像那些對海灘一無所知的孩子，可能是因為從沒聽人說過，再不就是因為有人不讓你去，那麼你就不會知道在那裡等著你的樂趣。

在數學中，知識的自由也是十分重要的。如果你只知道一種解決問題的方法，你就會受到限制，因為那個方法可能不太適合用來解決你遇到的問題。不過如果你有好幾個策略，就可以自由選擇最單純或最具啟發性的方法。數學讓你能夠多找幾種方法去解決問題。

　　數學家亞瑟・班傑明（Arthur Benjamin）是心算大師，可以靠腦袋做五位數的相乘。這聽起來雖然令人欽佩，但對他來說，數學的樂趣不在計算。樂趣在想到多種輕鬆做計算的策略，並選擇最有效的方法。[1] 我不像他那麼老練，但我也靠這樣的技巧做計算，比如我想心算出 33×27，我可以想到四種不同的算法。

　　我可以用「標準」的方法來計算，也就是取 30 個 27 和 3 個 27，然後相加起來，即 (30×27)＋(3×27)＝810＋81＝891。我覺得要記住中間所有的計算結果並不容易。

　　我也可以把 27 分解成 3×9，然後先拿 33 乘 3，再把所得的乘積乘上 9，也就是 (33×3)×9，即 99×9＝(100×9) – (1×9)＝900 – 9＝891。這看起來比標準方法來得容易。

　　我還可以把 33 分解成 3×11，然後先把 27 乘上 3（得 81），再拿這個乘積乘上 11，也就是 81×11，如果我知道乘以 11 的速算法，很容易算出答案：取數字 8 和 1，然後把兩數相加的和 9 放在它們中間，就得到 891。[2]

　　或者我可以看出下面這個代數恆等式也許有用：$(x - y)(x+y) = x^2 - y^2$。那麼如果我看出 27＝30 – 3，且 33＝30＋3，想求出的乘積 27×33 就等於 $30^2 - 3^2$＝900 – 9＝891。

　　如果有人要我快速做出這個計算題，我會看看我身上的箭袋，挑選最好的箭，來解決這個問題。對我來說，最後那個方法會是最好的。知識的自由給了我們一個大箭袋。

　　我對知識自由的思考，是受了克里斯多福・傑克森的啟發。有一次他對我說，**自由就是知道所有可供你選擇的選項**。他是在獄中下棋

的時候領悟到這件事的。對手可以限制你在棋盤上的選擇，來支配控制你，就像克里斯提到的：

> 他或她在棋盤上的任何位置或情況都能下得很好，這就是個熟練的西洋棋棋手〔的徵象〕。不知道他或她的選擇的人，就像陷入不利處境的棋士。因為即使有你不知道的有效步驟，它們也可能不存在。這就像棋士發現自己有兩個主教對上一個孤零零的國王，但不知道那兩個主教可以「將死」國王，他或她就會無子可動（逼和）。可是當有人告訴（教育）這個人，兩個主教可以把國王將死，他們就會永遠把這種情況視為贏棋。依我所見，這是教育的主要橋梁，可把人帶到他們可以認出成功之路的地方……
>
> 教育透過「攀登我們對自己的憧憬」，使我們能夠超越自己，從而幫助他人做到同樣的事。

知識的自由在談論教育對我們所有人的更大任務：帶我們到一個可辨識出通往圓滿幸福之路的地方。

應該出現在數學學習中的第二個基本自由，是**探索的自由**。就像海灘的寬廣遼闊，有貝殼、聲音和我們想像埋藏在底下的金銀財寶；為了激發創造力、想像力和魅力，數學的學習應該是個供人探險之地。不過，有些教學方式並沒有提供這種自由。我想起我爸媽教我數學的方法的不同，這等於是在研究義務與探索之間的對比。

　　我的父母希望我在很小的時候就學數學，所以在我開始上學之前，我父親就教我數字和算術。由於他忙著自己的工作，所以會整理出長串的加法練習題讓我忙著做。我像個順從的孩子做這些題目，但不覺得它們很有趣。他會說：「把這個再做一遍，每一題都做對了才能出去玩。」

　　我父親的教學方法，是單向的資訊傳輸，他告訴我該做什麼，但讓我自己做練習題。我遵照他教我的算術規則，但常常一知半解。我透過「進位」學習怎麼相加大於 10 的數字，但是不了解自己在做什麼。我在遵照食譜，而我父親的稱讚和獎勵總是跟我的表現有關。說句公道話，我爸是個好爸爸，但在亞裔美國移民家庭中，我可能會因為交出沒有滿分的考卷而感到羞愧。那可不是自由。

　　相較之下，我母親的教學方法是關聯式的。我們會玩一些激發數字思考和模式辨識的遊戲。她會跟我坐在一起，我們一起讀跟數數兒有關的書籍。我們讀的書也是關聯式的，書裡充滿驚奇和樂趣。這些書引發了更多的疑問，比如：為什麼蘇斯博士筆下的那個角色有十一根手指頭？甚至不像你想的那樣，一隻手有五根指頭，另一隻手有六根，而是分別有四根和七根指頭！這種富於幻想的怪事，帶來了更多的想像。跟著母親，我有探索的自由，以及提問的自由，胡思亂想的自由。問題和遐想反而會得到稱讚。

　　這種自由也是更高層次數學學習的關鍵。我十二年級的時候，在德州大學奧斯汀分校聽了一堂開給準大學生的課，主題是無限大，講課的人是數學教授邁克・史塔伯德（Michael Starbird）。他的講課風格和我在高中經歷的不同，有非常多互動，而且他不斷向聽課的人提

問，彷彿在邀請我們一起當探險家。我以前從來沒有跟三百個人同處一室，而且每個人都全神貫注。這種互動正是一種稱為**主動學習**（active learning）的教學方式的典範。那堂課結束後我心想：哇，如果這裡的每一門課都像這樣，大學生活會很有趣。

於是我進德州大學就讀。由於我已經預修過微積分，而且自認數學「很好」，所以直接選修了接下來的課程。那門課用了傳統的授課方式，這就表示教授講課時沒有太多互動，我們則猛做筆記。第一天他就開始講矩陣，這個主題我以前從未見過，也沒有列在這門課的先修課程中。（矩陣就是數字排成的陣列，通常會在這門課**之後**的課程中討論。）接著他開始對矩陣**取指數**，意思就是他取數 e，然後把一個數字陣列寫成指數。對我來說，這是類別混淆：比如要我用酪梨刷牙，或把我的貓放進錢包裡。

我環顧四周，假裝其他人都知道發生了什麼事。我被嚇到，害怕問問題，因為沒有其他人發問，教授也沒有請大家發問。符號飛奔而過，就好像一個壞掉的鍵盤在符號字體卡住了。我盡本分地做筆記，但我不知道自己在寫什麼。那只是第一天上課的情形，整個學期我都在努力跟上，我的理解力總是落後兩週。這種速度不夠快，對我的作業和考試幫不上忙，考試時我常猜測自己並不理解的解法。我就像一隻跑在別人轉動的輪子上的倉鼠，擔心犯任何一個錯都代表我會摔出轉輪，在第一堂大學數學課就表現得很差。這可不是自由。

這個故事強調了數學提供的第三種自由：**理解的自由**。那時我在學習，如果你人生中都在裝懂，那麼你永遠會受制於你不懂的事。你

將繼續覺得自己像個冒牌貨，相信其他人都知道發生什麼事，而你不是其中的一員。相較之下，真正的理解代表你必須用較少的腦細胞記住公式和步驟，因為一切都有意義地結合在一起。數學教育應該提升而不是約束這種自由，但我們這些學習者必須努力深入理解，即使我們所受的教育並未提升這種自由。這正是需要努力的地方。

在第一門課之後，我幾乎沒有成為主修數學的學生，但我決定再試一次。我選修了一位更會跟學生互動、更平易近人的教授開的課，結果我又開始感到更有自信。接著在第二年，我修了史塔伯德的一門課，這門課的主題是拓撲學；拓撲學是關於伸縮東西的數學，或說得更準確些，是在研究幾何物件連續變形時保持不變的性質。正因如此，它有時稱為「橡皮幾何學」，這表示畫圖形在這門課中非常重要，而數字幾乎是不存在的！

令我愉快的是，史塔伯德用「探究式學習」的形式來教學，沒有授課，而是列出了一些定理，要我們自己去發現這些定理的證明。透過與他和同學間的引導式互動，我們學習如何提出想法，讓這些想法接受同儕建設性的審查，但這門課的暗含優點是，教授如何利用這種教學形式激發出不一樣的課堂文化。他創造了一個讚揚發問，歡迎獨特想法的環境。他給我們探索的自由。

彼此間的關係對我們的探索很重要。在這種環境中，我們學習怎麼聲明「我的證明錯了」，而不會感到羞愧，不會受到評判。事實上，錯的證明永遠是令人愉悅的，因為這代表我們看見某種微妙的東西，而它是繼續深入探討的出發點。

我曾看到教授也在使用主動學習的教學法，在比較傳統的授課形

式中培養這種文化。在這樣的課堂上，每一天都可以像蘇斯博士寫的詩一樣，充滿驚喜和驚奇，空想是受到讚揚的。

存在於數學中的第四個自由，是**想像的自由**。如果探索是在尋找已經存在的東西，那麼想像就是在建構新的想法，或至少對你來說是新的想法。凡是在沙灘上堆過沙堡的孩子，都知道一桶沙子的無限潛力，同樣的，康托也曾說過：「**數學的本質**就在於它的**自由。**」[3]（康托在 19 世紀後期做出開創性的研究成果，讓我們首度對無限的本質有了清楚的了解。）他的意思是，數學不像科學，研究的主題未必和特定的實物有關，因此數學家在能夠研究的題材上，不像其他科學家那樣受限。數學探險家可以運用她的想像，砌出她心目中的任何一座數學城堡。

我的拓撲學課傳授了想像的實踐。正如前面提到的，拓撲學在研究幾何物件受到連續拉伸時會保持不變的性質。如果我讓一個物件變形，且沒有引進或移走「洞」，那麼從拓撲學的角度，我並沒有改變它。因此，橄欖球和籃球在拓撲學上是相同的，因為其中一個形狀可以變形成另一個；另一方面，甜甜圈和橄欖球在拓撲學上就是不一樣的，因為你必須在橄欖球上戳一個洞，才可以把它變成甜甜圈。

拓撲學是很有趣的主題，因為我們可以用奇奇怪怪的方式把東西切割開、黏起來或拉伸，來做出各種很妙的形狀。我們常想像在這些形狀裡面走動，所以稱它們為**空間**。拓撲學愛好者非常樂在想像他們自己的怪異空間，通常是為了回答某個奇特的問題，例如「是否存在具有這種或那種病態的物件？」。（對，我們在數學上會用到**病態**一

詞，是在描述奇怪或異常的表現，就像在醫學中一樣。）然後會用腦袋聯想出一個例子。舉例來說，有和田湖（Lakes of Wada）：可在地圖上繪出，且邊界完全相同的三個相連區域（「湖」）；位於其中一座湖的邊上的任何一點，一定會在所有三座湖的邊上。這個建構是以發明它們的數學家和田健雄（Takeo Wada）的名字命名的。還有夏威夷耳環（Hawaiian earring），這是個華麗的物件，上頭有無限多個逐次變小的環，全相切於一個點。[4]

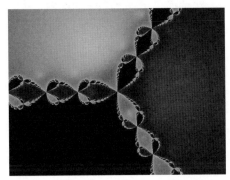

這個碎形圖有三個區域（深色、中間色和淺色的「湖」），有相同的邊界，但與原始和田湖不同的是，圖中的每個湖都由不連通的水池組成

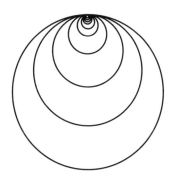

夏威夷耳環

　　病態空間（pathological space）有個相當著名的例子（至少在數學家當中很有名），就是亞歷山大角球（Alexander horned sphere）。球是呈泡泡形狀的曲面，正圓球表面的空間具有「單連通」（simply connected）這個性質，意思大致上就是，如果你在球的表面拿著一條繩子，把兩端繫在一起，做成一個圈，那麼所繫成的圈不會卡在球上，永遠可以從球上移走，與球分離。（甜甜圈就截然不同了，它表面的空間不是單連通的：如果把繩子的一端穿過甜甜圈中心的洞，再把兩端繫在一起，你就**無法**讓繩圈脫離甜甜圈。）1924 年，J. W. 亞歷山大（J. W. Alexander）在想像他的帶角球時，思考了一個問題：有沒有可能用某種奇特的變形方式，讓泡泡上的相異兩點永遠不會相碰，但泡泡表面的空間又不是單連通的？

　　起先亞歷山大認為，不管哪個變形泡泡的表面都一定是單連通的。[5] 但後來他舉出了一個表面不是單連通的例子！他的假想結構可以描述如下（這不完全是他的結構，但在拓撲學上是相同的）：取一個泡泡，擠出兩個「角」，接著再從每個角擠出一對捏起的手指，且讓這兩對捏起的手指幾乎相扣在一起。因為捏起的手指並沒有完全相碰，所以你可以在更小的尺度上重複這個步驟，從前面各組手指擠出一對細小的捏合手指，相扣但沒完全相碰。像這樣繼續做下去，做到極限，就會得到亞歷山大角球。

　　環繞在其中一個初始角底部的繩圈，無法從帶角球脫離，原因正是相扣手指鉗的極限過程。如果指鉗在某個階段結束，沒有做到極限，那麼繩圈就很容易脫落了。這種令人驚奇的結構，不僅需要靠想像力思考，還需運用想像力去驗證帶角球在極限時確實仍是一個球。

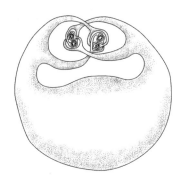

亞歷山大角球

你可以想像把圖放大，去看接連各層級的捏角的碎形本質：在細節的每個層級，景象看起來都相同。

想像的自由為數學注入了夢幻般的特性。許個願，瞧！你的夢想成真了。

如果在每個階段我們都有機會運用想像力，數學學習的樂趣會多出多少？你不必從事高等數學，就能運用想像力。在算術中，我們可以嘗試建構出帶有奇特性質的數；能被你出生年月日的所有數字整除的最小數字是多少？你能不能找出連續十個不是質數的數？在幾何學中，我們可以設計出屬於自己的圖案，探究它們的幾何性質；你喜歡的圖案裡有哪些對稱性？在統計學中，我們可以考慮一個資料集，想出有創造力的視覺化方法；哪些方法的特點最好？如果你是從枯燥的教科書上學數學，那就看看能不能把問題改造一下，以提升你的想像力，這麼做就是在讓你鍛鍊想像的自由。

可惜的是，如果沒有最後這個自由，即**受到歡迎的自由**，就很難獲得前面幾種自由：知識與理解的自由，探索及想像的自由。這是許多數學社群中缺乏的自由。

就我所知，海灘有一種排除在外的歷史聯想，即使在今天也會使人無法享有這些空間。想像一下這種在海灘上的場景。雖然不再有寫著禁止你進入的牌子，可是因為你的父母從沒來過海灘，所以你來的次數並不多。沒有人把你趕走，但旁人對你側目而視。大家質疑你是不是該去**另外**一處海灘。有些人認為你是海灘淋浴間的服務員，要你多拿一些紙巾到洗手間。有些人會在你走過時轉開目光，並緊緊抓著孩子。大家為你訂定看似隨意的規定，告訴你野餐時不能煮**那個**食物，或是不能在這個海灘上進行**那個**活動。你改去沙灘排球場，想玩一場臨時湊成的比賽，但沒有人邀你加入。他們不期望你了解或想要學會那個運動。你也許可以進入海灘了，但並不受到歡迎。

很遺憾，數學社群可能就像這樣。我們說重視差異性，但暗藏著排外的氣氛。想想看下面這些例子。

妳的名字是阿麗涵德拉（Alejandra），而且妳已經注意到，從小學開始每本數學課本上，一般範例中的人名全是白人男性的名字。到了國中，妳想出了新的解題方法，但老師似乎對她所知道的解法以外的解法並不感興趣。妳的高中數學老師正在講課，他只和男生有目光接觸。

妳在修一門大學高等數學課，發現很有挑戰性，但教授慫恿妳改修初級的課，而不是鼓勵妳繼續。妳在大學裡是運動選手，每天下午都有很耗體力的練習時間表，但教授只能安排下午的時間。有個教授

說某個證明「無聊」（trivial）又「明顯」；妳以為自己有什麼毛病，因為它對妳來說並不無聊又明顯。他指出，「像妳這樣的學生在這個專業表現得通常不好。」數學競賽即將舉行；主辦人邀請了除妳以外的所有數學系學生參加訓練。妳出身於重視社群與說故事的文化，然而妳的數學教授講數學的方式，彷彿它完全缺乏歷史或文化，而且指派的所有功課都要獨自完成。

　　妳決定讀數學研究所，但課程中的女生很少，沒有像妳一樣的拉丁美洲裔學生，當然也沒有拉美裔女性教職員。沒人知道妳的名字怎麼發音；他們未經妳同意，叫妳「亞歷克斯」（Alex）。妳系上的研究生休息室裡沒有美術品、盆栽或色彩；感覺毫無生氣，妳當然不想經常在那裡出沒。其他的學生似乎非常好勝，用袖手旁觀的方式迅速指出他人的數學錯誤。妳的指導教授對妳的工作之外的生活好像不感興趣，即使妳表示自己正在費力照顧小孩。沒錯，妳先前決定要在讀研究所時生個小孩，但系上行政人員在這方面似乎沒有彈性。

　　妳成為數學家了，對於在重視教學的大學找到工作極為興奮，但妳在研究型大學的朋友用憐憫的語氣問：「妳在那裡開心嗎？」參加會議時，妳的矮小身材和深膚色讓妳經常被誤認是會議飯店的「幫傭」。當妳與人共同發表論文，大家總會認為另外那位的貢獻比較多，於是妳感受到獨自發表論文的壓力。妳喜愛數學提供的一切，但感覺好像並不值得。

　　綜合來看，阿麗涵德拉的經歷會讓人心如槁木死灰，感覺壓抑，即使牽涉到的人可能立意良善，而且根本不知道她的心路歷程。他們全體是在行使強制性的權力。阿麗涵德拉沒有受到歡迎的自由。你或

許會納悶她為什麼還要堅持下去。

受到歡迎不只代表容許人共處，還意味著表示歡迎的邀請，說出「你是我們的一分子」，然後採取進一步的支持性行動。這代表保持很高的期望，提供極大的支持。

期望會影響學生在課堂上的表現。針對「期望效應」（expectancy effect）的研究相當多，而且都顯示老師的期望會影響學生的學習方式。最有名的是 1966 年的羅森塔爾—傑柯布森（Rosenthal-Jacobson）研究，研究者讓學生做了一份假的性向測驗，並告訴他們的**老師**哪些學生預料會「超群出眾」（而實際上，所謂的好學生是隨機挑選出來的）。結果在接下來的一年裡，那些學生比他們的同學表現得還要好。[6]

這是對期望的無聲牽制，它同時牽制住學生和老師。老師受限於對學生潛力的有限想像，學生受制於別人怎麼看自己可能成為什麼樣的人，而且他們沒有變自由的自由。受到歡迎的自由會說：「我相信你可以成功，我會幫助你成功。」

貝兒・胡克斯（bell hooks）在《教學越界》（*Teaching to Transgress*）一書中，探討美國實行種族隔離時期她在全黑人學校就讀的經歷。她讚揚那些以幫助學生發揮最大潛力為使命的老師：

> 為了不辱使命，我的老師確保他們「了解」我們。他們認識我們的父母，知道我們的經濟狀況，我們在哪裡做禮拜，我們的家是什麼樣子，以及我們在家裡受到的對待……
>
> 那時候，去上學快樂極了。我喜歡當學生，我喜歡學習……

讓觀念來改變我，是十足開心的⋯⋯透過觀念，我可以⋯⋯重塑自我。[7]

你可以聽到那些老師如何實踐受到歡迎的自由。他們有機會全盤了解所教的孩子，而不只是他們的學業成績。這些學生的教育根源於社群中。由於受到歡迎的自由，胡克斯還得到其他的自由：探索觀念的自由，以及設想新自我的自由。

對照起來，在學校整合，她轉校之後，

知識突然變成只跟資訊有關，和一個人的生活、行為方式沒有關係了。我們很快就得知，我們要做到的要求是服從，而不是熱切的學習欲望⋯⋯

對黑人孩子來說，教育不再和自由的實踐有關。明白了這點，我就不再喜歡上學。[8]

現在海灘開放了，但沒有歡迎，沒有社群或友好。胡克斯受到期望牽制：總覺得她必須自我證明。她擔心若是自己說出來，別人就會認為她犯規了。教育感覺像是掌控，沒有受到歡迎的自由，她就失去了所有其他的自由。

澄清一下，我不是在主張種族隔離。我的意思是，真正受到歡迎必須包含真正的自由，尤其是在過去曾拒絕給予這種自由的情況下。

數學上的這些自由與幾種德行有關。知識的自由產生出**機敏**的德

行。我們可以運用所知的工具來解決我們的問題。當我們不會因為公開腦力激盪而感到羞愧，並且體驗發現的樂趣時，擁有探索的自由會讓我們**大膽發問**與**獨立思考**。它也會讓我們有本事**把挫折視為出發點**，因為我們不只學會捨棄錯誤的想法，還學會探究這些錯誤想法怎麼引導我們找到好答案，或把我們推往新的探究領域。理解的自由建立起我們**對知識的自信**，因為理解會建立起由意義與洞見鞏固在一起的穩固事實基礎。想像的自由則在促進**發明創造**與**快樂**的德行，因為這種自由讓你有機會去探索，以你的腦袋所能想像的一切不尋常之事為樂。

當我在研究所遇到困境，感覺準備不充分且格格不入，加上教授又懷疑我能夠有所成就，這些德行解救了我。我知道自己有研究技能的起點，因為我有獨立思考的經驗。當我不懂時，我勇於發問，大膽說出來。我知道為自己創造數學的喜悅。我對既有知識的自信幫助我相信，只要認真努力，最後我會趕上的。借用海倫‧凱勒的話，當我感受到我所擁有的自由時，我可以決心勇敢地雀躍通過。

自由是學習和做數學的關鍵要素，所以我們應該仔細想想自由會牽涉到什麼。我知道有些人把**自由**定義成「不受束縛」，彷彿它的意思是指「想做什麼就做什麼」。我不認為這是自由的真義。

真正的自由永遠不會沒有代價、關係或責任。想想那位老師，在你身上投注了時間和精力，給你發問的空間，教你如何探索海灘，想像你可以堆出的城堡。想想那個雙親，提供了自己擁有的一切資源，好讓你可以去海邊，把克服任何障礙的決心灌輸給你。想想一些人讓你受到的真正歡迎，幫助你加入，真正耗費心力的歡迎。想想你自己

投入到一個深刻、廣泛又漂亮的課題所承擔的代價，這樣你現在就能自由地在那個海灘上，以絕無僅有的方式成長。

我們這些經歷過數學自由的人肩負重大的責任，歡迎其他人也來享有這些自由。

未知的多項式

這個問題需要的背景知識，可能比本書中的其他謎題多一些，但如果你堅持下去，也許就能欣賞它的解法。**多項式**是一種像 x^3+2x+7 這樣的代數式子，把某個數代入 x，你就可以求出它在那個數的值。所以 x^3+2x+7 在 -1 的值會是 $(-1)^3+2(-1)+7$，也就是等於 4。這個多項式的**次數**（最高次方）為 3。每一項裡與次方項相乘的數值稱為**係數**（在這裡，x^3 的係數是 1，x 的係數是 2，而 7 為常數係數）。

謎題如下：

假設我有一個係數都是非負整數的多項式。你不知道它的次數。你的目標就是要找出這個多項式，但你只能問我以下這種形式的問題（其中的 k 是一個特定的數字）：

「這個多項式在 k 的值是多少？」

請問，要找出我的多項式，最少需要問多少問題？

我很喜歡這個謎題，因為看起來你沒有足夠的資訊。不過，你有很大的自由去選擇你所能問的問題。最初跟我分享這個有趣問題的是山姆・凡德維爾迪（Sam Vandervelde）。

2018 年 1 月 28 日

　　在我的戒護等級下降後，現在我已經移轉兩次了。我在上一個監獄裡，認識了一些很合得來的人，我們都有共同的目標。我從他們身上學到了一些東西。我還相當年輕：我現在三十一歲，從十九歲就一直待在監獄裡，所以我有很多東西要學。在地球上的七十一億人當中，有很大的共通性，但即使在這種共通性中，也存在著（小小的）無數差異和獨特性。我到目前為止還沒有在這裡找到哪個人，觀點跟我相近。但即使無法達到相同的共鳴，我還是明白你必須對群體敞開心胸，種下種子也讓人來栽種，因為每個人都有可學習之處。但目前為止，大多數時候我只有幾個人可以交談。我在剛離開的監獄有三個朋友，在離開肯塔基時有兩個朋友。

克里斯

第 12 章

社群

從數學獲得的真正滿足，在於向他人學習和與他人分享。

所有的人都會對一些事情有清楚的了解，而對更多事情只有模糊的概念。

——比爾‧瑟斯頓（Bill Thurston）

歸屬是什麼？個人在社群裡感覺到被接納、被重視及得到認可的程度。

——迪安娜‧漢斯珀格（Deanna Haunsperger）

　　李卡多・古提耶雷斯（Ricardo Gutierrez）是紐約市本地人，住在勞工階級街區，父母是移民。父親高中沒有畢業，母親也沒讀完八年級。他在 2017 年讀了我談數學使人圓滿幸福的演講稿之後，寫信給我。他在小時候就展現了數學天賦，但沒有良師指引他，所以他在大學時從事了另外一項興趣，而在過去的十九年裡，他是事業有成的音響工程師，不算是真正的專門技術工作，但正如他所說的：「我在處理音樂，讓它聽起來效果更好。」他熱愛自己的事業，而且事實上，他處理的其中一個專案還入圍了葛萊美獎──但他覺得缺少了某種東西：

　　我只是渴望更多東西，感覺就好像我的人生有個破洞。我渴望更多的知識，多去思考數學和計算機科學給我的東西類型。我所感興趣甚至愛沉思的，或許是對邏輯問題的深入研究。所以也許是我的職涯範圍已經太局限了，我想用數學和程式設計來增補⋯⋯也許更恰當的說法是，我的職業生涯在精通之後，就變成機械式的做法了。

　　他勇敢地跨出一步，在四十歲時重回校園讀書，修了一個專為非傳統學生開設的課程。他說：

　　雖然身處在一個冷酷學術環境裡的嚴格和壓力幾乎是極難應付的，尤其是我已經很久沒接觸，都生疏了，但有時候傷害最大的是那種我不應該坐在那些數學及計算機科學課堂上的感覺。這些

揮之不去的感覺很可能與我的童年有關，也和我當時懷有的夢想可能與我住的地區和生活的冷酷現實不符有關，和我那時沒有良師讓我從那個大謊言醒悟過來有關。那個「我不適合待在這裡」的扭曲現實，以看不見的方式像某個無限循環過程般運轉。這是個接連不斷的搏鬥。

這種**我不適合待在這裡**的感覺，可能會造成很嚴重的傷害，而這正是社群非常重要之處：讓我們有歸屬感。因為如果像帕爾默所說的：「教學就是創造一個可實踐真理社群的空間」，那麼我們就是受感召去說出他人無法親眼看到的事實真相。[1] 我們可以讓他們放心，他們其實適合這裡。

倘若沒有給予支持鼓勵的社群，我們都沒辦法成長；我們可以與社群裡的人分享喜悅與憂傷，希望與恐懼。社群幫助我們把搏鬥變成常態，領悟到「我並不是在單打獨鬥」。

社群是人的深層渴望，因此它會是許多人在從事數學上有所發展的入口，不管是為了娛樂、教育、專業還是在家裡從事數學。我所說的「數學社群」，是指因為共同的數學經驗而聚集起來的任何一群人。當你在家裡分享數學笑話，展現對數學的極大興趣，做出幾何物件，一起閱讀和數學有關的故事，或一起燒菜、為某個烹飪方法添加少許東西並進行討論，你就是在組成數學社群。當你走進一堂數學課，或是加入某個策略思考遊戲時，你就進入一個數學社群了。

大多數人不會把**社群**一詞和數學聯想在一起。相反的，普遍認為數學家就是一個人為一個問題孤獨地努力很多年。近來有幾位解決著

名難題的數學家，確實符合這種描述。1993 年，安德魯·懷爾斯（Andrew Wiles）宣布了他對懸宕三百五十年的費馬最後定理（Fermat's last theorem）的（當時還有瑕疵的）證明，這個定理的敘述非常簡單：$x^n + y^n = z^n$ 這個方程式在 $n > 2$ 時沒有整數解；懷爾斯暗地裡花了七年琢磨這個問題。[2]在 2003 年，格利哥里·佩雷爾曼（Grigori Perelman）證明了拓撲學中的百年難題龐加萊猜想（Poincaré conjecture），這個猜想大致上是在說，一個沒有洞的有界三維物件一定是球形的；沒人知道他在研究這個問題。[3]當張益唐在 2013 年證明質數之間的間隔是有界的，數學界沒有人聽過他的大名——張益唐的證明是解決著名的孿生質數猜想（twin primes conjecture）的重大突破。[4]這些例子因為不同凡響而變成新聞，助長了數學是一種孤獨探索的迷思。

實際上，數學一直是合作的，因為人會聚集在一起進行許多數學方面的活動：學習、閱讀、遊戲、研究。我們花時間在社群中享受數學的樂趣，因為正如比爾·瑟斯頓（回應一個擔心自己永遠不會在數學上做到原創的人時）所說的，真正的滿足在於學習和分享。

在專業領域方面，數學現在變得比過去更講求合作。有一項 2002 年的研究顯示，共同合作數學研究的作者比例，從 1940 年代的 28% 升高到 1990 年代的 81%。[5]數學家提姆·高爾斯（Tim Gowers）在 2009 年做了一件很出名的事，也就是在網際網路上號召大家合作找出黑爾斯—朱伊特定理（Hales-Jewett theorem）的基本證明，這個定理的結果大致上是說，在高維度空間中玩、玩家人數不拘的井字遊戲版本，最後一定會分出勝負。越來越多的數學老師在教室裡採用主動

學習教學法，這種教學方式會利用課堂時間讓學生參與並合作。隨著社交媒體的興盛，數學老師也以新穎的方式相聯繫，分享想法，建立新的興趣群組。團隊合作對當今數學探險家的互動方式很重要，也是工商業或政府部門的重要職業技能。

　　社群有個重要的功能，就是把人聚在一起從事數學探索，幫助他們在社會化促成的德行中成長。最吸引人的數學主題課程，是以在參加者之中培養出社群為中心，而且你將會找到一個群組去服務幾乎所有的分眾，從孩子到老師到研究人員。[6]

　　然而，建立社群應該不是只有把人聚在一起探究數學。我們必須有所警覺，去克服那些有時更普遍存在於數學社群的障礙。

　　數學社群往往過於著重成就，經常是一種狹隘的成就。當我們按照特殊的「能力」排列名次，就進一步加深了階級。當我們去評鑑誰「數學很好」，就是在心裡做這件事。我們經常向他人示意，要在數學上取得好成就，只有一種方法；逼孩子做數學做得很快，或催促學生在高中時就修微積分，或是告訴專業人士，如果他們不做研究，就不是「真正的數學家」。實際上，取得成就的方法很多。數學成就不是單一維度的，我們不能再這樣看待它。我們太常把數學當成插在土裡的竿子：讓藤蔓攀爬生長的方法只有一種。數學其實像棚架：你就像藤蔓，可以在棚架和土壤接觸的多個位置找自己的生路，可以沿著棚架往多個方向生長。

　　因此，渴望數學社群的人必須發展出對付那種用一維觀點看待數學的策略。在教室或家裡，我們可以讚揚別人展現出因數學培養起來

的德行，同時提醒他們這些也是數學的一部分。鍥而不舍、好奇心、推廣的習慣、喜歡美、對深入探究的渴望，以及我在這本書裡討論過的許多其他德行，全都是證明在數學上成長的方式。在高中和大學，我們可以發展出多種進入數學的途徑，而不是讓所有的人都經由微積分。我們可以創立以樂趣為基礎的數學社團，而不是以優秀成績為基礎的數學俱樂部。在專業層級，我們可以重視數學老師和研究人員在促進數學理解方面提供的各種方式。我們可以在一大堆令人興奮的數學職業裡，樹立各式各樣的榜樣。[7]

數學社群有可能非常階級化，即使他們不希望如此。在我家附近的健行社團，大家因為對健行的共同熱愛而建立了情誼。要出發的時候，我們會分成不同的能力等級，用不同的速度健行。我承認我是個走得很慢的健行者，加入新手組別並不會讓我感到羞愧。健行的樂趣（風景、志同道合、寧靜的抒發）與健行的技能是分開的。同樣的，如果我去聽鋼琴音樂會或看棒球賽，觀看的樂趣與演奏或打球技巧是分開的。

相較之下，數學上的樂趣往往需要技能。舉例來說，如果我準備去聽數學講座，除非我理解眼前發生的事，否則不會覺得興奮有趣。聽講的樂趣不只是知道定理在說什麼，還要理解證明過程。很可惜，證明很難在短時間內理解，而且通常不會要求講者讓他們所講的內容對預期聽眾來說是容易理解的。現在我已經習慣不是每件事都了解的那種不安，而且我知道這很正常，可是新來乍到的人容易感受到格格不入。同樣的，在教室的群體環境裡，學習數學可能會是個挑戰，因

為技能是教學的核心，因此如果團隊作業設計得不好，先做完的學生就會讓需要時間思考的學生感到鬱悶。對某個技能特別關注，即使是有正當理由的，也會讓人崇拜那些公認更擅長該技能的人，而在任何一個數學社群裡劃分不必要的階級。我聽過很多人發出類似西蒙・韋伊對「想到自己進不了那個唯有真正傑出之士才能進入的超凡國度」感到失望的心聲。[8]

因此，凡是渴望數學社群的人都必須培養出**慇懃**的德行，包括**傑出的教學、優異的指導**，以及**傾向於肯定他人**。慇懃的數學探險家會盡力讓新來者安心，知道自己在任何一個發展階段都會受到歡迎。他們將會給新手看潛知識指南（其中就包含了「連經驗豐富的老鳥也無法理解所有的講座內容」這件事），並指導他們掌握技能，像是如何讀數學以獲取重要觀念。他們會肯定他人做得很好的事情，藉此公開認定他們的能力。在數學界很有權力的人必須記住，他們在樹立歡迎新人的規範方面責任重大。慇懃的數學探險家會努力成為優秀的數學老師，甚至能讓初次加入社群的人領略數學的樂趣。關於優良教學的實證知識非常多，我們應該好好利用。[9] 我們可以透過良好的溝通，協助大家進入這個王國。

帶領數學社群的人，必須有掌管團體動力的經驗，留意學生的施為、認同與權力。受過技能訓練的老師，知道定出彼此如何相待的良好規範的重要性。他們知道如果由一個人主導，團體工作可能會沒有效率，如果團體裡不是每個人都以有用的方式參與工作，就會造成傷害。基於這個原因，數學教育工作者會強調設計出**適合團體的任務**的重要性；所謂適合團體的任務，就是當中有多種重要角色、需要真正

的合作、每個人也必須有所貢獻才能使團體獲得成功的活動。[10] 很會教學的老師知道怎麼請學生分享自己的想法,想方設法減少參與的社會風險。[11]

　　在數學中建立社群,會需要發展出減少階級的合作能力。成功的合作是有包容性的,可從多元的觀點獲益。這種合作不僅僅是分工;恰恰相反,最好的數學合作是綜效的,需要準備,並且在參與者互勉成長時讓理解進一步加深。

　　數學社群就和所有的社群一樣,容易產生隱含的偏見:我們每個人都會有的無心且不自覺的刻板印象。我們做出關於他人的錯誤假設,這些假設會影響團體的權力動力,限定哪些人的聲音可被聽到。在校園中,我們必須問:誰還沒有發言?誰的貢獻經常受到忽視?在專業層級,我們必須認清偏見如何導致不利於社群的決策。舉例來說,女性和男性共同發表研究論文時,她們不太可能因為合作而獲得讚許,大家會認為是那些男性做出來的。在情況相似的經濟學領域,有一項 2016 年的研究顯示,儘管女性發表的論文跟男性一樣多,但她們未被給予終身職位的可能性是男性的兩倍,除非她們一直是獨自發表,在這種情況下獲得終身職位的可能性並沒有差異。[12]

　　因此,想要建立數學社群的人必須有**自我省思**的態度。我們應該留意潛在的偏見,這樣才能減少偏見,而我們在自己的社群內部,必須建立起有助於削減偏見的良好慣例和結構。[13]

　　數學社群深受缺乏歸屬感的困擾。這些感受可能會有許多形式:**我希望沒有人發現我懂的不多**(內在的心聲:**我不該坐在這裡**);這

裡沒有其他人像我一樣（內在的心聲：**所以不會有人真的了解我**）；
我永遠不夠格（內在的心聲：**不會像我心目中的偶像一樣**）。許多社
群的階級本質會讓這些感受加劇。年已四十歲的大學生李卡多，或許
會更覺得百感交集。不管是種族還是社會階層，他的出身背景都屬於
少數族群，他離開校園非常久了，重新熟悉環境需要很大的調適。他
覺得自己受到過往經歷的阻礙，也難怪他總是覺得**我不該在這裡**。事
實上，出於某種原因，我們當中許多人都有這種感覺。以前在數學社
群裡我常感到孤獨，現在我仍然有此感覺，儘管是大家公認的數學家
了。我在職涯中期轉換研究領域時，在某個研究機構待了一個學期，
想在新的社群中建立聯繫。那時我經常感到格格不入，因為我對這個
新領域所知不多，而且又是來自一個以教學為優先考量的大學，和其
他從事研究的數學家來自的機構截然不同，沒有人跟我很熟，而且我
比別人更不可能受邀參加社交聚會。說句公道話，如果其他人當時知
道我的感受，我相信他們會更常給予支持。這正是為什麼受到歡迎需
要積極的關注。

　　因此，除了慰勉之外，重視數學社群的人還必須培養**關照他人**的
德行。這代表要看著他人，看見他們在數學以外是什麼樣的人，尤其
是年輕人、新人或被遺忘的人。即使你新來乍到，也必須培養這個德
行。當我覺得自己沒被注意到時，我省思了一番，領悟到可能還有其
他人也有同樣的感受。的確，我們都是這個研究機構的新人，大家在
那裡只會停留很短的時間。身為新人，你可能會注意到周圍的其他新
人，而你也可以表示歡迎。

　　任何一個數學社群的領導者，都應該想想易感性的德行。能夠與

人分享自己的心路歷程和困境的領導者，也能協助他人定下人生之路的基調。要學生寫下他們的「數學心路歷程」（mathography）的老師，通常會先分享他們自己的故事。易感的領導者可以幫助其他人克服他們覺得自己是冒牌貨的感覺。阿貝爾獎（Abel Prize，數學上類似諾貝爾獎的獎項）得主凱倫·烏倫貝克（Karen Uhlenbeck）承認：「要成為榜樣很難……因為你真正必須做的是告訴學生，人可以多麼不完美，但仍會成功。」[14]

在我談到數學使人圓滿幸福時，最大的樂趣之一就是我經常聽到人講他們自己的深刻經歷。數學教授艾琳·麥尼古拉斯（Erin McNicholas）講述她有一次正在為外部的某件事感到焦慮時，和幾個學生與另一位教授陷入喜悅的一刻：

> 很難想像我要如何脫離那害我思緒一團混亂的千愁萬緒。結果……我碰巧從一個修另一位教授的實變分析課的學生身旁走過。之前我一直在和我指導的一個學生，討論那週分析作業裡的一個問題，她在自己用來解題的方法中發現了一個漏洞，而我和她都找不到補救的方式。所以我就問這個學生，他有沒有解出這個問題。他解出來了，而且所用的方法和我指導的學生一樣，只是他沒注意到那個漏洞。於是我拿這個問他。不到 20 分鐘，我和五個分析課的學生及另外一位教授全聚集起來，一起努力尋找這個問題的解法。就在我們快要解出來時，會跳出另一個問題。最後，透過在場每個人的貢獻，我們終於想出來了。大家一陣興

奮，而在玻璃板上詳細記錄的那個學生，還在草草記下完成證明的最後幾行敘述時開心地手舞足蹈。我們和他一起大笑，為我們的共同勝利而陶醉。

她說，那個同時發出的笑聲讓她驚覺，在他們一起解題的三十分鐘裡，她完全沒去想自己的煩惱。由於這個自發形成的社群，數學是她逃離世俗煩憂的避難所，也是快樂的泉源。你可以在她的故事中，看到非常多說明健康數學社群的典範。這個社群裡沒有階級，每個人都被這個問題給騙了，而且有兩位教授在示範，採取這種不知道但想找出答案的態度是允許的，甚至是令人興奮的。他們的動力是共同的好奇心：即使知道自己不會因為沒有解開教授沒解決的問題被扣分，那些學生還是和他們的教授一樣需要知道真理。他們感受到解題的共同期待，而在解開問題時，他們獲得了喜悅。艾琳回想這次經歷：

　　我們都是解法的貢獻者。我努力克制我對自己指導的學生的自豪感，因為最初是她注意到論證中的漏洞。雖然我看見了她在批判內省方面的非凡天賦，但我認為比起一些主修數學的學生展現出的數學創造力和直覺，她的天賦更容易受到忽視。她也有那些天分，不過在群體環境下，謙遜及某種承認自己有什麼事不了解的能力，會壓制這些天分。

　　如果把數學挑戰想像成一條我們要渡的河，那麼有些數學家的過河方法是從河邊往前跳，一塊石頭一塊石頭跳過去，只擔心下一個落腳點，另外一些人則會在岸邊止步，尋找過河的路徑，

計算一下水流和滑倒的可能性，在 Google Maps 上搜尋上游或下游有沒有哪裡有橋可走。我們很容易讚嘆勇猛跳石頭過河的那些人的逞強和膽量，但當他們發現自己困在河中間時，往往是認真勤奮的規劃者去救援。

　　身為一個社群，身為教授和同學，我認為我們忽略了最終把我們帶到對岸的認真且井然有序的工作。兩個有博士學位的教授和幾個主修數學的高年級生，居然完全沒注意到同樣的論證缺陷，而這個經常得不到應有認可的學生卻注意到了，這件事讓我無法不陶醉。

　　這是圓滿幸福數學社群的景象：社群中的人因為探索與遊戲的共同使命而聚在一起，交換想法，珍視彼此的參與，為他們的想法指引出的方向感到興奮，在過程中還具體展現了各種數學德行。

球上的五個點

　　給定一個球上的任意五個點，請證明其中的四個點落在包含邊界的半球上。

　　這是個很棒的問題，有漂亮的解。[a] 所以拿它當作這本書的最後一個謎題很不錯，因為它展示了是什麼特質成就出一個美麗的問題：它很容易說明，它有個意想不到的結論，它有多種探討的方法，而且只要你有空就可以思考。請記住，數學探險家對於努力泰然處之，你可以儘管讓問題浸在腦袋裡。經過長久的努力，最後終於找到答案時，你會十分高興。

a. 2002 年帕特南數學競賽（Putnam Mathematical Competition）題目。

2018 年 7 月 25 日

　　我其實已經把〔霍金的《上帝創造整數》書中講到〕歐幾里得的
《幾何原本》、阿基米德的《方法》（*Methods*）、《數沙者》（*Sand
Reckoner*）、《圓的度量》（*Measurement of a Circle*）和《論球與圓柱》
（*On the Sphere and Cylinder*）的章節整個讀了一遍，我還從頭到尾讀
完了笛卡兒的《幾何學》（*Geometry*）。在那之後，我又讀完了羅巴
切夫斯基（Lobachevsky）的《平行線理論》（*Theory of Parallels*），現
在也快讀完鮑耶（Bolyai）的《絕對空間的科學》（*Science of Absolute
Space*）。老實說，我還真不知道幾何學那麼豐富。我完全了解歐幾
里得和阿基米德要說的所有東西，笛卡兒的著作弄懂九成以上，羅巴
切夫斯基的內容也差不多懂了這麼多，可是鮑耶的書稍微難一點（但
比較詳細），而且他所用的一些符號和概念有點克己又簡樸，但我肯
定理解到目前為止我仔細研究過的絕大部分內容，而且我打算在讀完
之後把不太清楚的部分重看一次。《上帝創造整數》這本書真是棒。
你還知道其他像這樣的書嗎？它是從古到今的數學概要嗎？那會是
很大的幫助。這本書在過去四個月裡真的加強了我對數學的看法……

　　你所說的「做數學的人性」，真的讓我思考了一番。在真正好好
接觸數學之前，我經常下西洋棋，所以往往會用西洋棋來比喻生活裡
的很多東西。可是既然我的主要焦點是數學，很多數學概念不知不覺
出現在我看待很多事情的方式中。我有個朋友還留在我已離開的中度
戒護監獄，過去就一直告訴我，嘗試做我想做的事需要不屈不撓的努

力。把數學當作一門訓練堅韌不拔的課?! 可是我在這本書裡也注意到一件事,〔就是〕同時期的大多數人都互相認識,彼此交流和／或互相訓練,或甚至由彼此的數學徒子徒孫在各個時期來訓練——他們的數學有明確的**人性**結構。

我從你所寫的東西得到鼓舞,我等不及讀你的書了。可以啊,在你的書裡多講些我的故事,我沒意見。如果我們的數學對談有一些能幫助你說明某個觀點,請儘管利用。如果照我的意願(我絕對相信我會),無論是幾年後還是十五年後或更久以後,我打算用我的故事幫助某個跟十五年前的我很像的人,或是協助其他人去幫助那個人或很多人。

因為我真的認為,如果有個喜歡我的人……在我十七歲剛拿到高中同等學力,並且去亞特蘭大技術學院註冊入學(我正處於那個十字路口)的時候,走進我的生活,真正告訴我人生一定會提供的一些更美好事物(或跟我解釋這些事物),那麼我當初應該更有可能有些不同的作為。從我自身的經驗和我們在世界上看見的事情,在我看來(這是在**徹底過度簡化**我想說的東西),大家現在(而且是有**好一段時間**)不夠關心其他的人。

克里斯

第 13 章

愛

我若能說萬人的方言，並天使的話語，卻沒有愛，

我就成了鳴的鑼、響的鈸一般。

——使徒保羅（Paul the Apostle，天主教稱為聖保祿，聖經哥林多前書 13:1）

我們必須記住，只有智力是不夠的。

智力加上品格——這才是實質教育的目標。

完整的教育不但給人專注的力量，還會賦予值得專注的目標。

——馬丁·路德·金恩（Martin Luther King Jr.）

數學研究所正在擊垮我的志氣。為了解決某個研究問題辛苦兩年後，我在一篇論文裡發現一個十分重要的錯誤，而我的想法都建立在它之上。我的研究工作一無是處。為了搶救一點東西以展現我的努力，我心想也許可以發表我所找到的反例，如果這麼做，最起碼我能讓世人知道我的研究成果還有點價值。可是後來我發現，有人在二十年前已經發表過同樣的反例了，在一份我從沒聽過的無名期刊上。

我的身分和拿到博士學位脫不了關係，所以要在那個節骨眼放棄，幾乎是不可能的；但情況就是這樣，我在考慮完全放棄數學。

我從小就會欣賞數字模式，喜歡拿具有挑戰性的謎題來自我發揮。我用葛登能的數學科普書當作消遣，我喜歡當個數學探險家。我記得我在高中時打開一本研究所程度的數學教科書，裡面的內容都看不懂，但極想要弄懂。我夢想著拿到數學博士，我的父母對我也有這個夢想。教育是我父母的成功標誌：他們當年從中國移民到美國，一邊繼續深造，一邊打零工勉強維持生計。不用說，他們在我進哈佛的時候興奮不已。但當我去波士頓時，正和肌肉萎縮性脊髓側索硬化症搏鬥的母親卻痛哭流涕，因為我即將遠離德州的家鄉。我經歷了一段嚴重的憂鬱時期，我在我到哈佛的前兩個月所寫的日記裡發現這些文字紀錄：

> 此刻我覺得失落，陷入困境，因為我家人希望我來這裡，而我覺得我好像應該待在家裡，想辦法幫點什麼忙。

自我懷疑是進入研究所第一年的學生相當普遍的感受，但我覺得我感受到的程度好像特別深刻。我的工作負荷很累人，我很

納悶為什麼我沒有用我以為會用的那股熱情去全力應付。我似乎沒辦法確切指出深層問題是什麼。

　　我似乎在自我質疑想不想當個數學家，雖然我認為自己不會想做別的事情。

　　那些感受沒有消失，我帶著疑慮繼續掙扎了三年。在研究所，通常是跟著一位教授（你的指導教授）寫一篇學位論文（原創的新研究），這樣就可以拿到博士學位。我跟了一位指導教授，然後換了一位。我看得出來他們兩位對我的評價都不高。到這個時候，我已經對自己沒信心了。

　　為什麼我要這麼努力修這個博士學位？它對我有什麼意義？在反覆思索這個問題的過程中，我不得不問個更基本的問題，也就是我在這本書一開始所拋出的問題。

　　為什麼要做數學？

　　是為了名望，為了某種外在的善？是為了證明我在數學上比別人更好嗎？為了跟別人比較嗎？為了特殊的意義嗎？我不得不坦承，對所有這些問題我都回答：是。

　　多年下來，我在這個叫做數學的事情上找到了自我。結果，當我在高中和大學表現得比別人好時，我有一點自大，但現在情況相反，和每個人比較之後發現自己不夠好，讓我感到沮喪。我現在知道西蒙・韋伊拿自己和哥哥安德列比較之後的感受了。我不再嗅到當初吸

引我親近數學的芳香；當它只因為外在善而備受重視，我嚐到的只有香氣散去後留下的苦味。我已經失去樂趣了。

數學本來是很美妙的事，但我把它變成了最重要的事。我的數學成就原本可以單純代表進展，但它最後成了自命不凡的標記。我的數學訓練原本可以給我適度的信心，但當我用它來和別人比較時，只會導致疑慮。社會把我訓練成，把數學視為一種畫地自限的方式，相信數學是炫耀天分的展示，而不是發展德行的遊樂場。每當有人向我懺悔他們的數學罪過：「你是數學家啊？我以前數學最爛了」，而我很樂於得到注意，我們雙方就是在偶像崇拜的路上往前邁進一步，認為數學是專門留給「天才」的。而現在，這種偶像崇拜在我的掙扎中只會傳達一個結論：**你不是他們的一分子**。

數學之神承諾了特殊意義，但它只宣布了判決。當我意識到這件事，就知道我應該離開了。我不需要這個數學博士學位給我尊嚴。

我開始考慮我可以做的其他事情。那個時候，金融業很熱門，我去面試了。面試者會問我關於數學的問題，而在向人解釋的過程中，我開始想起數學其實很有趣又美好。有幾次面試時，他們要你解數學謎題，看看你是不是知道怎麼思考。我很喜歡謎題。我想起玩遊戲多麼有趣，尤其是在沒有任何風險的情況下。我承認，如果數學不是人生的一部分，我會想念它的。在領悟到這一點時，我笑了。

在同時間，我也是哈佛一棟大學生宿舍的常駐數學助教。我的工作是讓其他人相信數學多麼了不起，即使我自己準備放棄數學了。與他人會面和關心他人的簡單步調，讓我把目光從自己的苦惱移開。這

裡有認真的人，數學能力很好，也對數學感興趣，只是因為比不上別人而不相信他們可以好好發揮。他們非常沮喪，就和我一樣。我會安慰他們，說他們不必為了在自己身上或數學上找到價值和尊嚴，而拿自己跟人比較，同時我的內心也會說：**我自己必須知道這一點。**

我在研究所的一些最美好經驗，是我坐在助教桌前，利用數學的媒介，也就是數學的驚奇和樂趣，去關心另一個人。我喜歡透過數學活動去認識人。和某個人一起從事運動時，你也會有類似的感覺，你透過不同的方式了解他們。我很榮幸能陪著他們努力做數學，輔導他們用不同的方式看待自己。我很喜歡看人在理解某個觀念時喜笑顏開，這是世上最棒的感覺之一。

我想在最後這章討論的愛，不是對數學本身的愛，因為如果你跟著我讀到這裡了，我會希望你已經展開喜愛數學、探索數學的旅程。我也不打算談論用數學去分析談戀愛的方法，儘管在這方面有一些有趣的數學模型。[1]

我希望我們一直在說的愛，是一個人**由於**數學而對另一個人可能會產生的愛。愛的德行，滿足了愛的渴望。

愛是人的最大渴望，因為它有助於實現所有其他的渴望，也就是渴望探索、意義、遊戲、美、永恆、真理、努力、力量、正義、自由、社群，而且愛也是由這些渴望實現的。由於數學而愛，就是為被孤立的人建立社群，替受壓迫的人尋求正義，透過努力幫助彼此成長，即使是在數學方面。愛就是給予遊戲和探索的恩賜，在真理和美的渴望中成長，藉由展示數學來賜予創造性的力量。去愛人就是讓他

們自由，不但是內心、靈魂和力量的自由，還有想法的自由。

愛是所有德行的源頭和終點，因為它是每一種德行的核心，甚至包括由數學培養出來的德行在內。由於數學而愛就是在創造出樂觀的感覺，培養創造力，引發省思，培養對深奧知識和深入探討的渴望，促使我們自己和彼此喜歡美及我們討論過的其他所有德行。

愛與被愛是圓滿幸福的最重要象徵。

然而是什麼類型的愛呢？

我們會奢望有條件的愛，取決於一時感覺的短暫的愛，一種在數學空間中沒有什麼影響的交易型的愛，因為這是我們一直以來的運作方式。社會不斷告訴我們這個訊息：要重視有錢的、強勢的、受過良好教育的、有權力的人。很遺憾，在數學教室或家裡並無不同。已經能引人注目的，是我們看見並注意到，我們稱讚並相信會做大事的那些人。他們在數學方面有所成就，因為我們對他們有信心。但其他人呢？

我並不是說數學專業知識不應受到重視，也不是說成績不該獲得賞識。這些成績代表人所能達到的最好成就，應該當成我們所有人的驕傲來讚頌。一個重要猜想的證明或一項了不起的數學應用，應該像體育競技方面任何一個打破紀錄的成績般，向全世界公開宣布。不過我們應該記住，做出這類發現的人都站在其他人的肩膀上，這當中有許多人是未被提及，也未受到注意的。這些人的成功，是對他們的努力工作和判斷能力的明證，也是對他們周圍社群的投入的證明，以及他們一生中的好事的產物，他們的人生多半是自己無法控制的。因此，成就多半屬於社群，是我們所投入的人的產物。

　　我說這些，是為了鼓勵我們培養那些容易被遺忘的人（包括我們自己）的潛能。我們當中的被遺忘者，難道不像傑出的人有同樣的尊嚴？他們難道不值得我們關心嗎？我們不能鼓勵那些剛動身踏上數學之旅的人嗎？我們不該擁抱那些不像其他人一樣有機會在數學上發展的被遺忘者嗎？向那些和我們非常不同的人學習，公開表揚他們的想法，對他們帶來的經驗抱持謙遜而不是傲慢的態度，對我們難道沒有好處嗎？

　　這是無條件的愛。只有這種愛，才有希望把數學實踐從一種自我放縱的追求，轉變為使人圓滿幸福的力量。無條件的愛認定每個人都有基本的尊嚴，這種尊嚴不是來自他們所做的任何事情。無條件的愛提醒我們，不論強者或弱者，不分行業、社會階層和特質，每個人都值得我們花時間和關心，因為他們就在那裡，就在我們面前。無條件的愛提醒我們，愛一個人就是真正**了解**他們，不僅要了解他們數學層面的自我，還要了解他們的整個人。

　　很多時候，我們當中那些以教數學為職業的人會說：「我的工作是教數學」，彷彿教數學只是在教事實和步驟。我們忘了「我的工作是在教人」，這些人和數學互動的經驗經常跟我們自己的經驗截然不同。這代表教學必須顧及整個人：除了每個人正在學習的數學以外的喜悅和悲傷。

　　身為學習數學的人，不要讓自己陷入那種捍衛數學是純粹邏輯、冷酷無情、需要遵循一大堆規則的教育。誰會想學或教那種數學？那並不是數學的本質所在。適當的數學實踐和生而為人的意義，是密不可分的。

　　因為我們不是數學機器。我們活著，我們呼吸，我們體會，我們流血。我們是具有形體的人類。如果數學沒有連結到人類的某種渴望，不管是遊戲、追尋真理、追求美、尋找意義或是為正義而戰，為什麼還有人要學數學呢？你是正在學著欣然接受數學自我的數學探險家，當然可以加入這個用不一樣的方式了解他人的運動。

相信你自己和你生命中的每一個人都能在數學中成長。

　　這是一種愛的舉動。

　　當你表揚別人是個有尊嚴的數學思想家，相信他們有實現數學才華的潛力，你就是在愛他們。當你看到自我能力的滿溢，拒絕讓任何人阻礙你要求擁有從人的角度和正當性都屬於你的數學遺產，你就是在愛自己。當你不再說天賦是你要麼有、要不就沒有的東西，而開始談到每個人可以透過勇氣和努力帶來的希望和快樂培養出來的德行，你是在愛所有人。愛就是相信每個人都能在數學中成長。

　　這對我們所有人來說都是一項挑戰。因為我沒有達到這個理想。我曾放棄學生，有時是出於潛意識偏見的無心之舉，有時是有意的，因為我欠缺神聖教學責任所需的想像力。

　　你的生命中可能有個李卡多，沒有良師帶領他學習數學和科學；你可以成為他的忠實鼓勵者。你的生命中可能有個西蒙，老是拿自己和身邊的安德列比較；**你**可以幫助她在數學上建立自我。你的生命中可能有個克里斯多福，染上毒癮，交友不慎，似乎根本就對數學提不起興致，甚至看起來很懶惰；如果你知道他遇到什麼困難，也許你就

會換個方式去了解他。

相信你自己和你生命中的每一個人都能在數學中成長。

在克里斯多福從監獄寫第一封信給我的六年後，他開始幫助獄友學數學，準備去拿他們的高中同等學力證書。他用微薄的收入買數學書，現在正在學習拓撲學和高等數學分析。他說：

> 我週一到週五會自修三到五個小時，週六和週日超過兩個小時，看我的感覺而定。要在這裡修習和讀書比較難，因為你並不是在有門可以把你圍起來的「傳統」牢房裡，而是一切敞開，我們住在一個沒天花板的 8×10 英尺「隔間」裡，牆壁有 6 英尺高，而在 8 英尺的那一側有個 3 英尺的開口當成你的「門」。而且我所在的房間裡沒有「桌子」，所以我得拿兩把椅子來修習。但希望情況很快就有所改變，因為我正在設法搬到一個有桌子的隔間。
>
> 但我不能抱怨太多。我拿起了耳塞，抓住兩把椅子，然後去用功。

現在沒有人會說他懶或沒精打彩。若是十五年前，我會想像出他的未來嗎？如果那個時候有人告訴他西蒙·韋伊所說的「那個超凡國度」，他會在哪裡？[2]

要相信每一個人都能發掘對數學的喜愛。

把心力投入在你知道他們必須面對挑戰的人身上，在數學上和生活中成為他們的長期支持者。你可以在他們的數學努力中擔任良師、鼓勵者或啦啦隊長，不需具備任何高等數學背景就可以做到這件事。可考慮為那些最容易被遺忘的人做這件事。成為說這句話的那個人：「我看到你了，我認為你可以在數學上有所成長。」成為替他們找到機會的那個人。成為指引他們走向德行的那個人。成為看到他們的艱苦之後問這句話的那個人：「你還好嗎？你遇到什麼困難？」

相信你自己和你生命中的每一個人都能在數學中成長。

每個人都在默默呼喊，渴望他人看出不一樣的自己。每個人都在默默呼喊，渴望被愛。在獄中的克里斯多福，尋求的不僅僅是數學上的建議。他在尋找連結，在自己的數學空間裡找人向他伸出援手，對他說：「我看到你了，我跟你一樣對數學熱愛無比，你是適合這裡的，和我一起。」

當我在研究所深陷絕望，跟那些認為我不可能有所成就的教授抗爭時，有位教授向我伸出援手，成為我的支持者。在我告訴他我可能會放棄之後，他說：**我寧可你來跟我做研究，也不要放棄**。他向我伸出援手，就是一種恩典，不該承受的善意，甚至是愛。[3] 透過深刻的自我反省，我已經卸下了需要博士學位來給我尊嚴的包袱。現在有人提供我重回數學的機會，這次是為了數學本身的樂趣。

當兩個人在運用頭腦和敞開心扉的過程中，看見同樣的漂亮真理，或在同樣的星光下懷著希望做夢，他們才能真正看到彼此，不帶批評，或感到慚愧。為了讓彼此享有最好的一切，他們都會竭盡全力幫助對方看到更多。我們每個人都受限於環境，但不受想像力的限制，我們誰也不想被放棄或被遺忘，我們所有的人都希望別人用不同的方式來了解自己。令我們驚嘆的星空，引我們注目的精緻圖樣，我們希望探索的美妙對稱性；這些寶藏都是屬於所有人的，由那些愛我們、相信我們有能力珍惜這些禮物的人為我們開啟。

所以我要問你：

你會愛誰，你會用不同的方式了解誰？

接下來我要用幾個省思作結尾。

第一個是西蒙・韋伊的省思。反覆思索自己在數學上的自信心不足之後，她明白有一條透過自己的努力而達到德行的途徑，而且可以幫助他人。她寫道：

> 全心全意去愛鄰人，就等於能夠對他說：「你遇到什麼困難？」這是承認有受苦難的人存在，不但是群體中的一員，或貼上了「不幸的人」這個標籤的社會類別中的一例，而且還是身為像我們一樣的人，有一天會被痛苦打上特殊的印記。正因如此，知道如何用某種方式看待他就夠了，但又是必需的。
>
> 這種注視首先是專注。靈魂要清空自己的內在，才能接納它所注視的生命，以他本來的真實面貌接納。

只有能夠專注的人，才有辦法做到。

因此，儘管看起來也許很弔詭，但一篇拉丁文散文或一道幾何問題即使寫壞或做錯了，有一天可能還是會有大用，只要我們付出的努力是適當的。倘若有機會，它們總有一天會讓我們在遭受苦的人最需要幫助的時刻，更有能力提供正合所需的幫助。[4]

她找到了一條透過努力而達到德行的途徑。她領會到，數學在使人圓滿幸福。

以下是來自紐約市，四十歲時重回校園讀數學和計算機科學的音響工程師李卡多‧古提耶雷斯的省思：

我跟二十歲的小夥子一起上課。我過得非常愉快……學習揭開了很多我不知道自己身上已經存在的東西。

自從重回學校後，我就一直在和數學奮戰。微積分真的把我打敗了。二十年沒碰微積分了，我覺得再學一次更難，無法想像我以前很厲害。但即使在為了理解而設法調整腦袋的痛苦和失敗之中，我也感覺比以往還更充滿活力。

李卡多並沒有讓他的搏鬥破壞自己從事數學的目標。他領會到，數學在使人圓滿幸福。

最後是資料科學家麥克斯‧崔巴（Max Triba）在讀了我以美國數學協會主席身分做的卸任演講稿之後，寫給我的信：

　　我剛讀完你的精采文章〈數學在使人圓滿幸福〉，覺得非分享一個小小的親身故事不可。我在二年級的時候，做減法做得很吃力，於是向老師求助。她怒氣沖沖對我說了一些類似「你必須去把它搞清楚，因為並不難」的刻薄話語，我就走回我的書桌，覺得自己像個超級大白痴。從那之後，我幾乎沒有再向人討教數學，而且到上大學之前都要拼命才有普普通通的成績。

　　大學時我愛上一個主修航太工程的女生，她對數學的了解深刻得嚇人。同時我發現自己愛好經濟學，而透過這份喜好，就發現了數學巧妙解釋複雜現象的能力。我只有大學學位，但畢業後我都在從事應用數學方面的工作，現在在醫療照護領域做時間序列分析。真希望我可以讓八歲的我知道這個人生軌跡。

　　發現數學與人文的美麗交集，在我心中永遠會有非常特別的位置，我很喜歡和他人分享這件事。我走過的路決定了我的觀點：無論性別、能力、種族或其他方面，人人都可以成為這份美好事物的一部分。

　　最初被拒於數學門外，但因為愛而帶進門的麥克斯，現在明白：數學在使人圓滿幸福。

　　我寫這本書時所懷的希望是，我能夠在你自己的數學旅程中給予鼓舞，我期盼你現在永遠不會想要說「我不是那種喜歡數學的人」，因為你是人，你可以理解做數學與生而為人有多麼密切的關係。我希望我已經讓你有能力與別人談論數學——這是個十分人性的努力，以我們共有的基本渴望為基礎，並透過我們都可追求的德行來提升。如

果我們欣然接受這個理想，確實就可以經由數學更愛彼此，幫助彼此成長。

　　祝福你在所有的探索中平安喜樂。願你及所有你受感召去愛的人，圓滿幸福。

2017 年 5 月 31 日

　　過去兩年間，我一直在這個監獄當準備考高中同等學力的數學輔導老師。

　　這裡的教導科運作得很沒效率，不過我還是順利幫助十二個獄友拿到高中同等學力證書。我輔導的一個小夥子，再過幾年就會出獄，他說他想在出去之後重回學校念工程。在接下來兩年，我會盡力協助他學會高中代數 II、大學代數、幾何、三角、微積分 I 和微積分 II。

　　最近我在報紙上讀到一篇報導，說有個二十六歲的女性儘管數學不是特別好，仍然決定重回學校讀書，準備當個工程師。有時候，在像我這樣的情況下，精神並不是處在最佳狀態，但我現在備受鼓舞，要加倍努力達到當個數學家的目標，這樣在我出獄後，總有一天可以教和學數學……

　　學數學讓我有機會蛻變成比我這個人更好的人，會擁有更好的未來，走上一條我可以並且非常想要快樂又忠實地走到底的道路。

克里斯

∞

後記

蘇：克里斯，你很慷慨，同意讓這本書分享你的故事。我一直很重視我們這麼多年來的通信，而且我樂見其他人也會跟我一樣受你啟發。為了讀者的利益，我們可以多談一點你的經歷嗎？

克里斯：當然可以。你很慷慨，把我的故事分享出去。我從我們的通信學到了很多東西，如果它也能鼓舞其他人，那就太好了。

蘇：我們的讀者已經看到你的數學旅程，先是透過基礎課本，然後是進階數學書籍。現在你正在讀專業數學家所讀的期刊，即使還沒弄懂所有的術語。你有某種讀高等論文的鍥而不捨精神，我處在你的數學學習階段時並沒有這股精神。

克里斯：對我來說，數學就像是通往創造萬物之門，也許像電玩遊戲「當個創世神」（Minecraft）之類的東西。我喜歡抽象的東西，而數學似乎是對很多東西的隱喻。它有力量，有廣泛性，看起來把很多事情非常徹底地連結在一起。我在裡面看到什麼？嗯，我就舉這麼一個例子吧。你研讀一本邏輯教科書，仔細研究而且真的弄懂，然後去跟你經常交談的人（如果你有很好的辯論夥伴）辯論。如果他們提出的論點完全不合邏輯，你差不多可以「看出」為什麼他們的邏輯完全說不通，而且可以向他們解釋。（但這不一定表示你會說服他們或辯贏。）這只是在處理邏輯。

蘇：你知道我喜歡問這個問題：你在做數學或創造數學的過程中學到什麼？

克里斯：有很多不同的方法可以做到這件事，而你應該選擇最好的方法。有時候它是個不同尋常的想法、跳脫框架的點子或違反邏輯的想法，可是都行得通。它絕對不只是專注。數學需要創造力。

蘇：對，而且探索確實會激發創造力。讀者現在已經理解我的論點是，數學是促進人類圓滿幸福的力量，這在滿足人類基本渴望的方式上放之四海皆準，而且在適當從事數學的過程中建立許多種德行的方式上，是有益的。我想知道這個訊息在哪些方面讓你受到鼓舞或挑戰，以及你覺得你從事數學之後，在自己身上培養出哪些德行。你在我寫書的過程中把初稿從頭讀到尾，扮演十分重要的角色（謝謝），所以我曉得你已經深思熟慮過這些問題了。

克里斯：我們談到的很多東西都給了我鼓勵，也帶給我挑戰（我相信這兩種事情並沒有太大的差別）。這本書的大部分內容都帶來了鼓勵和挑戰，但有一句話特別幫我闡釋了一些事情。「創造性的力量是**謙卑的**，會優先考慮他人，設法激發他人身上的創造力。」我第一次真正坐牢時，我才真的意識到我幹了很多壞事。既然我想做正確的事情（如果可以的話，要做很多），我真的開始留意我所做的事，以及這些事怎麼影響我周圍的人和環境。我開始教人的時候，沒辦法精準地用言語表達我想要做的事情，但「設法激發他人身上的創造力」這句話替我做了比較清楚的解釋。

數學幫助我更增強了我的耐心：有時候我在處理某個令人洩氣的情況時，會提醒我自己一定要有極大的耐心。我也曾經希望某個問題會有解答。我有過這樣的經驗：現在我就是看不出答案，但如果我先離開一下然後再回來，或者隔天或第三天再回來，也許就會看出答案，但如果我一直想這個問題，就會想出答案。到目前為止，十之八九是有用的。而且我也了解社群：如果我們不願意互相教導，誰都不會變優秀。

　　蘇：說得很對。當然，我嘗試在書裡清楚說明，我不認為數學是解決所有弊病的靈丹妙藥。它不會解決人類的一切問題，也不是對人類終極目標的靈性解答，但它確實在重要的方面讓人有個美好的生活，你的經驗就是例證。你還做了哪些使自己圓滿幸福的其他事情？

　　克里斯：嗯，我從下棋當中學到了很多。運動健身也帶給我耐力；尤其是跑步，幾乎每跑半英里就想停下來，但如果我繼續抵抗那股衝動，不知不覺就跑了四、五英里，甚至十英里。其實常傾聽很多不同的人講話，也教了我很多東西（真正的傾聽，以及深度參與他們所說的內容）。它還讓我隨時設法記得改變視角（就像你一直在說的），讓我保持開闊的心胸。

　　蘇：我知道大家會從你的信中獲得很多鼓舞。那些信都是在我們決定放進書裡之前寫的。你重讀這些信的感覺是什麼？

　　克里斯：嗯，它讓我改變視角，並且思考和評論我說過的話。我喜歡回去看我寫過的東西（詩、信件等等），還有人家寫給我的東西，看看關係有怎樣的變化，這個人有怎樣的變化，我又有怎樣的變化。我從我們的第一封信和其他的通信，可以看出我的知識變得更深更廣一些的過程。

　　蘇：我也看得出來。我真是替你感到興奮。你現在也在監獄裡教人數學了。你會向其他人說些什麼，幫他們用不同的方式看待數學？

　　克里斯：我教的人都犯過罪，我們當中有很多人過去都賣過毒品，所以用買方賣方的術語來解釋，就容易克服很多問題。我最近在解釋直線的斜率、恆定的變化率及線性函數，我總是很容易這麼說：「x 是自變數，y 是應變數，x 是時間，y 是金額……如果你每小時賣

出 7 件襯衫，3 小時後就賣出幾件……21 件。那麼 4 或 5 小時後呢？這就是一個恆定的變化率。」諸如此類，我隨時都能為他們把數學變成「現實生活」，這就是我嘗試在做的。

蘇：讀者也許只是從信件裡推斷，你有一年很不好過，而且在你待的上一個監獄遭遇了一些冤屈。我真的很高興現在情況似乎好多了。監獄生活中最大的挑戰是什麼？

克里斯：我是個任性的人，失去自主對我來說就是顯而易見的挑戰。在大多數的情況下，甚至連自己的時間都支配不了（像是你怎麼利用一天的時間），所以很難受。你被判處監禁一段時間，又不是要當成比人低等來對待，但有一些（只有幾個）管理人員就是用這種方式看待你。至於它對你的心靈有什麼影響，我的心靈已經有一陣子沒處於太過憂鬱的狀況，但我憂鬱過。千篇一律，被迫倦怠，這是一種「暫時生存」（我忘了是在哪裡讀到的）。

這麼說吧：如果你是個想用生命做點什麼的人，這種生活絕對會讓你難受，就像強制用沒有目的、沒有意義的方式生存。數學給我專注的目標，這對我有很大的幫助，甚至擴展到其他的目標，教人數學，讓人對教育更感興趣，致力於教育。

蘇：我在書裡花了一些時間討論種族問題，這個話題不容易討論，因為大家有許多不同的相關經驗，有些是痛苦的經驗。但我希望鼓勵大家自省，在數學方面我們對人妄下哪些臆斷。非裔美國人身分讓你在教育上或生活中遭遇過什麼阻礙？

克里斯：我不能說我年輕時在學校有什麼必然不好的經歷（除非是我自己造成的）。我不在另類學校的時候，其實讀了幾間不錯的學

校，遇過每一個種族的好老師。我的成年生活全在監獄裡，所以大部分的經歷都是獄中經歷，我青少年時在外面世界的生活，如果你不曾那樣生活，或是沒有熟識的人有過那樣的生活，是很難了解的。真見鬼，我已經到了有時連自己也不了解的地步。不過自從我進了這些低度戒護的監獄，倒感受過來自其他非黑人囚犯，還有年長黑人囚犯和監獄人員的種族歧視。如果你很年輕（嗯，我看起來還頗年輕的），又是個黑人男性，大家就會以為你什麼都不懂。這對我來說很好笑。我可能應該要生氣，但看看我現在的狀況，我也明白大多數人只了解他們看見的，或至少是他們自以為看見的，所以我覺得好笑。這並沒有太讓我煩擾。

蘇：我很高興我們在通信這麼多年之後，幾個月前終於碰面了。我知道我對於自己的期待有點緊張，但真的很盼望見面。當你單單透過文字認識某個人時，跟本人見面可能有些奇怪。不過我認為，我們靠著兩盤西洋棋很快就打破冷場了。兩盤你都把我打得落花流水！我們的初次碰面給你什麼感覺？

克里斯：你並沒有太緊張，至少我看不出來，而且你告訴我你也很久沒下棋了，所以這也很重要。我真的很喜歡和你談天。我知道我說起話來很熱情，大家不斷告訴我：「克里斯，你不會咄咄逼人，但你說話的時候明顯像是非常相信自己所說的話。」我們打破冷場之後，都講得口沫橫飛，我學到了很多（所有的平方數模 4 都餘 1 或 0）。你說到做到，謙虛，會激勵人，而且很慷慨。我喜歡這樣，而我也正在努力仿效。

蘇：我覺得你也是這樣的人，你很認真、體貼、謙虛、慷慨。對

經過了五年的信件往返，我和克里斯多福·傑克森在 2018 年 11 月初次碰面。背景是畫在一面牆上的壁畫，獄方只允許我們在這裡拍照

年輕時的自己，你會給什麼建議？

　　克里斯：年輕時的克里斯，剛開始我必須有點粗聲粗氣地和他講話，不過我一讓他聽我說話，我相信他應該就會聽了。以前我總是傾向聽比我年長一點的人講，特別是如果我尊重他們，而且他們看起來有一點判斷力。可能得不斷和他說話，因為他非常固執。但我想告訴他的主要訊息會是：「了解周遭發生的一切事情，遠比耍酷或融入周圍的環境來得重要，而且世界比你想的寬廣許多：要達到你認為自己想達到的目標，方法多到幾乎數不清，而且對人生和未來的威脅小得很。沒有哪個人的人生或未來，可以用像我們這樣的人追求的金錢或其他東西來等價交換，這些東西事實上是不重要的。」年輕時的我極

為任性，這會養成今天我身上的堅強意志，但我相信，像此刻的我這樣的人在那個時候應該可以和他講道理。

蘇：你對未來有什麼希望和恐懼？

克里斯：我已經做了一點好事；我希望在往後的人生中能夠做得更多。我希望可以接觸到像我一樣的年輕人，這樣他們就不必經歷我經歷過的事，做我做過的事，或讓他們的家人和親人經歷我曾讓我的家人和親人經歷的難關。我希望我出獄後，可以讓更多的人對教育感到興奮，我希望我不是在妄想，而是讓更多的人了解並且運用他們擁有的力量。我的恐懼是什麼？我可以說我怕自己不會成功，但這不算，因為我們都有這種恐懼，所以這並不是我特有的。但我可以分享我以前有的一種恐懼。以前我害怕我會在這裡待很久，久到我變得全然憤世嫉俗，而在出獄後會失去走出去做我想做的事情的活力。我不再認為有這種可能了，但我實際上沒什麼恐懼，我覺得如果能熬過這一切，我就能熬過未來擺在我面前的任何事。

蘇：克里斯，謝謝你打開心扉，跟我們的讀者聊你自己和你的故事。就連最難熬的處境，你也能圓滿幸福。

克里斯：感謝你幫忙講述我的故事。我一直很幸運：一直在我身邊的人，以及在我力爭上游時跟我在同一條軌道上的人，都在幫助我圓滿幸福。謝謝你。

克里斯在十九歲時初次入監。他的刑期是三十二年，已經服刑了十三年。聯邦體系沒有假釋。如果允許假釋，他最快可在 2033 年出獄。他為兩項定罪服刑，每一項各給他七年的刑期，但過於嚴苛的量

刑法律規定，第二次犯罪要在他的第一個七年刑期加二十五年。美國國會在 2018 年通過的《第一步法案》（First Step Act），會針對特定罪行（就像他所犯下的罪）減輕刑罰，但不可溯及既往。如果可減刑的話，克里斯現在就獲釋了。

由於克里斯對這本書的貢獻，他會拿到一部分的版稅。我注意到社會經常利用邊緣化群體的勞力，卻沒給報酬。

數學幫助克里斯圓滿幸福，所過的生活比監獄原本允許的更有人性，同時他也在幫助其他人圓滿幸福。監獄內外都有很多克里斯多福。我在自己的網站（francissu.com）上，定期更新一份清單，列出可協助那些能夠圓滿幸福的人，以及在你的支持下可助人圓滿幸福的組織和資源。

你的生活中可能已經有某個像克里斯多福或西蒙的人了。你們可以互相勉勵。

∞

致謝

　　首先我要感謝你這位讀者，感謝你花力氣讀這本書和這些想法。西蒙・韋伊曾說：「注意力是最罕見、最純粹的慷慨。」我發現寫作的過程費時費力，然而是從好的方面來說，因為這強迫我深思我所在意的事，讓我極其小心謹慎地去表達。我很感激你，讓我在你回想自己的經驗時走進屬於你的空間。願我們在數學中，永遠不會忘記那些談論我們是誰的事物。

　　我要感謝 Joe Calamia 和耶魯大學出版社，對非傳統數學書的企劃有信心。與 Joe 共事非常愉快，他細心周到，有耐心又很明智，在關鍵點提出十分重要的建議，讓我想說的內容變得更好。我非常感謝文字編輯 Juliana Froggatt，她讓我的言詞聽起來比該有的樣貌更好，還要感謝 Margaret Otzel 和出版社的其他人，把這本書製作得非常出色，視覺上很有吸引力。大大感謝我的朋友 Carl Olsen，在時間緊迫下繪製了各章開頭的極漂亮插畫，實現了我想讓一本談數學的書變得有人性的目標。

　　我要感謝美國數學協會同意我使用我的主席卸任演講稿當作出發點。這本書的部分內容改寫自我的演講稿〈數學在使人圓滿幸福〉，原刊於 *American Mathematical Monthly* 124 (2017): 483–93，也可

以上網看：https://mathyawp.wordpress.com/2017/01/08/mathematics-for-human-flourishing，還有一部分改寫自我定期替美國數學協會的刊物《MAA FOCUS》撰寫的專欄。我很珍惜和我一起在美國數學協會社群任職的人，他們為了改善大學程度的數學教學任勞任怨，同時也很重視我在這本書裡寫到的事物。

　　許多好人的關懷影響了我。在這本書漸漸成形的過程中，許多人不吝給予關注。在忙著寫書和籌備（我的！）婚禮的一年中，家人和朋友是莫大的支持，尤其是我的妹妹 Debbie。有幾位鼓勵我度過專業領域疑慮時期，他們的精神出現在這些書頁中——包括 Jennifer Wiseman、Soren Oberg、John Fuller、Rob DeWitte 和 Mark Taylor。最近幾年，我一直很感激 Tom Soong、Zac Marshall 和 Phil Cha 的友誼。如果沒有我的大學時期良師史塔伯德（Michael Starbird）和我的博士論文指導教授戴康尼斯（Persi Diaconis）的支持，阻止我全然放棄數學，今天我就不會成為數學家。

　　哈維穆德學院（Harvey Mudd College）的同事全力支持，幫忙拓展我想成為更好的數學老師的承諾，和他們共事真是有趣極了！許多人讀了這本書的初稿，提出實質性的重要意見，讓我的想法變得非常清晰明確，包括 Yvonne Lai、Darryl Yong、Ben Braun、Elizabeth Kelley、Michael Barany、David Williamson、John Cook、Dave Henreckson、Kim Jongerius、Art Benjamin、Tori Noquez 和我的大一寫作課。我收到了 Robin Wilson、Russ Howell、Pat Devlin、Ron Taylor、Josh Wilkerson 和許多不知姓名的評論者特別廣泛的回饋意見。在他們發表了所有評論之後，這幾乎成了一本不同的書。我也很感謝 Adriana Salerno、Judy

Grabiner、Jon Jacobsen、Rachel Levy 和 Michael Orrison 跟我之間的有益對話。還應該感謝 Matt DeLong，在改寫成這本書的那篇美國數學協會演講稿所給予的協助。這本書的許多想法，都是在我跟 David Vosburg 定期午餐之約的交談中突然出現的，David Vosburg 一直是很忠誠的朋友，多年來不斷提供明智的忠告。

　　這本書表達的觀點，責任全在我。

　　我真的無法表達，認識克里斯多福・傑克森讓我感覺多麼幸福，我認為有一個像他這樣的朋友是一種榮幸，讓我更加了解我自認為已經很清楚的事情。我很感激他，認真讀這本書的初稿，和我討論他的想法。我們的社會需要做得更好，為那些和他有相同境遇的人敞開大門，開闢救贖之路。嚴刑峻法和大規模監禁必須終止。從某個微不足道的方面來說，我希望這本書幫助我們更清楚了解這一點。

　　我親愛的妻子 Natalie 一直是支持和指引的源頭，從很多方面來說都是我在這個寫作計畫中的夥伴，督促我成為更優秀的作家和更好的人。我希望大家都能看到她仁慈之心，以及她對那些被社會遺忘的人的關懷。她甚至在我們結婚的第一年，把這本書當成自己的計畫，在每個階段都給予支持。她是愛、友誼和夥伴關係的真實寫照。我們都感謝有個支持我們的信仰社群，身為跟隨耶穌的人，我感謝守護所有人的尊嚴，支撐著我自身圓滿幸福經驗的唯一。

蘇宇瑞

2019 年 1 月

推特帳號：@mathyawp

個人網站：francissu.com

∞

渴望與德行

　　這裡列出了本書提到的所有德行，這些德行是透過從事數學，在人類基本渴望的基礎上建立起來的。各章以這些渴望為標題，而列在每個渴望下面的是我選擇討論的德行。

探索

想像力

創造力

對魔力的期待

意義

建構故事

抽象思考

鍥而不舍

深思熟慮

遊戲

樂觀態度

好奇心

聚精會神

努力拚搏的信心

耐性

毅力

改變視角的能力

真誠相待

美

深思熟慮

喜樂與感恩

超凡敬畏

概括習慣

喜歡美

永恆

對理性的信賴

真理

渴望深入了解

渴望深入探究

獨立思考

嚴謹思考

審慎

在面對知識時保有謙遜

認錯

信任真相

努力

耐力

沉著的品格

解決新問題的能力

自信

嫻熟

力量

解釋、定義、量化、抽象化、視覺化、想像、創造、制定策略、
建構模型、多重表徵、推廣及結構辨識的技能

謙卑的品格

願意犧牲的品格

鼓舞人心的品格

服務之心

決心激發他人身上的創造力

決心提升人的自尊

正義

以同理心對待邊緣化群體

關切受壓迫者

願意挑戰現狀

自由

機敏

大膽發問

獨立思考

把挫折視為出發點

對知識的自信

發明創造

快樂

社群

慰勉

傑出的教學

優異的指導

傾向於肯定他人

自我省思

關照他人

易感性

愛

愛，所有德行的源頭和終點

省思
進一步討論的問題

如果沒有省思和行動，我們對數學的看法和我們的數學實踐就無法改變。我在下面提供一些問題，當作進一步討論的起點。我在自己的網頁（francissu.com）上，定期更新和這本書相關的其他資源，包括可連結到參考文獻的書單，這些資源對老師也許有幫助。

圓滿幸福

開頭的這三個問題，你可能會希望在讀這本書之前先思考一下，然後在讀完之後再回頭想一想，看看你的答案有什麼出入。

1. 數學是什麼？你會怎麼用一、兩句話向朋友描述數學？你覺得學數學的目的是為了自己還是他人？
2. 你認為做數學和生而為人之間有什麼關係？
3. 請描述你因為做數學而養成的任何一種德行。

探索

1. 回想一下你因為摸索（某個地點、想法、遊戲等等）而入迷的經驗。你可以在做數學和進行這個探索之間得出哪些類比？
2. 仔細想想這段陳述：「尋路者是他們的社會裡的數學探險家，運用

細心研究、邏輯推理和空間直覺，來解決他們在文化關頭遇到的問題。」請任選一種文化實踐，想一想數學思維在這種實踐中的可能呈現方式。

3. 如果你教別人數學，有什麼方法可以訓練你的學生期待魔力？

意義

1. 「數學概念是隱喻。」仔細想一想你現在在多種情況下看到的某個數學概念，以及這個概念的意義在每次遇到時如何強化。

2. 抽象化如何讓一個概念的意義變得豐富？從你自己的經驗中舉個例子。

3. 「數學是銜接模式意義的藝術。」請根據某個有數學在其中起作用的科學發現，來仔細思考這個陳述。

遊戲

1. 想一個你認為和玩耍有關的活動。列出你喜歡其玩樂層面的所有事物。你的清單在數學活動中有沒有類比？

2. 有些人在嘗試解題時似乎很有耐心和樂觀心理，會持續思考許久。但有些人似乎很快就放棄了。數學遊戲如何培養樂觀心理和耐心？把這件事和學習某項運動的訓練做一番比較。

3. 數學遊戲「是要你改變視角，換個觀點思考問題」。從哪些方面來說，這種德行在生活上是有用的？

美

1. 請描述你感受過的數學感官之美、絕妙之美、洞悉之美或超凡之美。那種經驗給你什麼感覺？

2. 想想你所有的教育經驗——例如各個學科你上過的課。哪些經驗含蓄地認定人對於美的渴望？

3. 世界上哪裡可找到數學之美？

永恆

1. 你在日常生活中仰賴哪些數學法則、真理或概念？

2. 數學提供了怎麼樣的慰藉？對誰來說是慰藉？

3. 宇宙中的許多事物都會隨著時間變化（別忘了，微積分就是為了研究這種變化而發展出來的學科），數學法則卻沒有隨時間而改變，你覺得這很意外嗎？

真理

1. 回想一下（任何學科中的）淺薄知識害你走偏的經驗。那個經驗給你什麼感覺？怎麼利用深度知識來矯正？

2. 有時爭論的雙方對同一件事有不同的看法，兩個觀點可能都是對的，只不過也許各自僅僅代表部分的樣貌。了解事實全貌何以是更好的境界？同樣的，了解數學上的全部真相會是什麼情形？

3. 數學思維會如何讓你有能力和看法不同的人交談並尊重對方？

努力

1. 描述一項你喜愛的活動，並列出你所能想到與這項活動有關的一切內在善和外在善。現在再想一項你不喜歡的活動，並列出類似的清單。你從這些清單上注意到什麼東西？

2. 數學提供哪些內在善？詳述這些善在你與人分享時如何大幅增加。

3. 如果你在教數學，你會怎麼激勵學生重視努力的過程，而不是只重結果？

力量

1. 想一想你最近探討的有難度數學問題。你在那個探索的過程中發展或運用了哪些數學的力量（解釋、定義、量化、抽象化、視覺化、想像、創造、制定策略、建構模型、多重表徵、推廣、結構辨識）？

2. 請詳述你在數學環境中看到的創造性力量和強制性力量。

3. 如果你在教書，你會如何用學生做數學的方式肯定學生是有創造力的人？

正義

1. 如果大家已經意識到我們教數學的方式需要改變，為什麼還沒有改變？誰會從維持不變得到好處？

2. 我們所有的人都在無意間心存偏見，那要如何減少數學空間裡的偏見？數學空間裡的偏見會對誰造成傷害？為什麼？

3. 你注意到數學空間裡的哪些不公？這些不公會對誰造成傷害？請想得比顯而易見的答案更深入。

自由

1. 請描述你在哪些環境中體驗過下列這些自由：知識的自由、探索的自由、理解的自由、想像的自由。

2. 你認為誰可能會覺得在數學空間裡不受歡迎？你可以透過哪些方式把數學中的受歡迎自由推及到你周圍的人？想一想你可以採取的具體行動。

3. 你在數學課堂上經歷過哪些感覺像是自由的事情？哪些事情感覺像是掌控？

社群

1. 為什麼慇懃或傑出優異的教學與指導對於做好數學是很重要的？

2. 要如何在課堂上或家中建立社群，讓成員砥礪彼此成長，同時又不會過於著重成績？

3. 你可以採取什麼行動，去處理在數學社群中找不到歸屬感的問題？

愛

1. 我們用了什麼有害的方式，把數學當成「炫耀天分的展示，而不是發展德行的遊樂場」來運用？

2. 你要怎麼把你遇到的每個人表揚為有尊嚴的數學思想家？

3. 從數學上來講，你們當中有誰被遺忘了？你會愛誰，你會用不同的方式了解誰？

謎題提示與解答

　　看這些提示或解答之前，應該先試一試這些謎題！逐步解決範例，了解發生的狀況。你想花多久去想這些問題就花多久，不用急。努力本身是有價值的。

提示

切布朗尼蛋糕：試試特例。如果切掉的長方形非常小，該怎麼決定切的方向？

切換電燈開關：試幾個例子，看看特定幾個燈泡，並問哪些倍數會切換這些燈泡。

「整除」數獨：因為在各個九宮格中，凡是有整除關係的相鄰方格之間都標了 ⊂ 符號，所以你可以找出大部分的 1 會填的位置。然後就開始尋找連續的數字：例如看到 A ⊂ B ⊂ C，而你知道 A、B 或 C 都不是 1，那麼唯一的可能性就是 2 ⊂ 4 ⊂ 8。也找一找可以整除超過一個鄰格或可被超過一個鄰格整除的方格。要注意的是，5 和 7 不能整

除 1 到 9 的其他任何數字，也不會被 2 到 9 的其他任何數字整除。

紅黑撲克牌魔術：如果第二疊裡的黑色牌換成第一疊的紅色牌，第二疊的牌數會變嗎？

水與葡萄酒：這一題和「紅黑撲克牌魔術」有何相似之處？

循環遊戲：摸索一下這個遊戲，提出一些猜想。注意這件事也許會有幫助：如果某個三角形格子恰好有一條邊標了箭頭，而你在第二條邊標上和第一個箭頭方向相同的箭頭（也就構成了一個不完整的循環），那麼另一個玩家下一步只要把循環完成就會獲勝。

幾何謎題：看一下兩個矩形重疊區域的面積。你怎麼看這塊面積？你能不能把這個區域分成容易計算面積的小塊？

木頭上的螞蟻：假設只有兩隻螞蟻，而不是一百隻。你怎麼看螞蟻相遇之前和之後的配置？

棋盤問題：每塊骨牌都會覆蓋一個黑色方格和一個白色方格。如果從棋盤上去掉一個黑格和一個白格，一定有可能用骨牌鋪滿嗎？放在白色方格上的騎士走一步之後會站在哪裡？俄羅斯方塊骨牌會覆蓋什麼顏色的方格？你要怎麼為 $8 \times 8 \times 8$ 正方體中的小方塊著色，好讓 $1 \times 1 \times 3$ 的方塊覆蓋的各個顏色一樣多？

松本滑塊遊戲：可以用厚紙板或紙製作滑塊遊戲。你要如何讓大正方塊通過橫的矩形塊？

鞋帶鐘：第 1 個問題的答案少於 7.5 分鐘。第 2 個問題的答案會出人意料。

魏克禮拍賣：試證明用自己認為的真正價格 V 如實出價的人，永遠不會比用其他價格 B 來出價的人做得更糟，有時甚至會做得更好。

五連塊數獨：首先在各行和各列中尋找出現兩次的 2 或出現兩次的 4。這對於比如圖中左下角的五連塊，說明了什麼？算一算相鄰行或列中需要的特定數字的個數，可能是有用的方法。

權力指標：三組所有排序的集合是 *ABC*、*ACB*、*BAC*、*BCA*、*CAB*、*CBA*。*C* 組在哪一種排序中是關鍵組？

未知的多項式：你可能會先猜想你需要問的問題少得多。係數為非負整數，在這裡是很重要的一件事。你能不能替最大係數的大小設限？

球上的五個點：要記得，你的目標是證明無論怎麼選球上的五個點，都會有一個包含其中四個點的半球。你可能會很想猜猜「最差」的配置，然後證明所宣稱的結果對這個配置成立，但這不足以證明它對**每**

個配置都成立。另外，對於任何一對點，有沒有什麼簡單的方法可以保證這對點落在半球內？

解答

切布朗尼蛋糕： 如果是沿著通過長方形大烤盤中心及長方形洞中心的直線切，那麼分成的兩塊蛋糕就會有相同的面積，因為每一塊的面積都會等於烤盤大小的一半減去洞的大小的一半。

切換電燈開關： 做完所有的開關切換時，開著的燈泡是編號 1、4、9、16、25、36、49、64、81 和 100 的燈泡。這些燈泡都對應到完全平方數。為了理解原因，可注意燈泡 N 在切換編號是 N 的某個因數（整除 N 的數）的每個開關時會切換。完全平方數是唯一有奇數個因數的整數。你可以看出這件事，因為大多數的因數都會成對出現：如果 J 是 N 的因數，那麼 N/J 也是 N 的因數，而當 $J = N/J$ 時，J 和 N/J 就是一樣的，在這個情況下，$J^2 = N$，所以 N 是完全平方數。

「整除」數獨：詳見下圖。

3	1	7	2	5	8	4	9	6
9	5	6	4	3	1	8	7	2
8	4	2	7	6	9	1	3	5
5	7	8	1	9	3	6	2	4
6	3	4	8	2	7	9	5	1
1	2	9	6	4	5	7	8	3
2	9	1	5	7	6	3	4	8
4	8	3	9	1	2	5	6	7
7	6	5	3	8	4	2	1	9

紅黑撲克牌魔術：這個魔術會成功的原因可以從幾方面看出來。令 H 為半副牌的張數。如果第一疊和第二疊裡的紅色牌分別有 R 張和 S 張，而第一疊和第二疊裡的黑色牌張數分別是 A 和 B，那麼我們就知道 $R+S=H$（因為紅色牌的總數是 H），且 $S+B=H$（因為第二疊總共有 H 張牌）。於是 R 和 B 都等於 $H-S$，所以 $R=B$。另一種看出這件事的方法是：如果你把 R 張紅色牌移到第二疊，然後從第二疊抽出 B 張黑色牌，那麼現在第二疊就有全部的紅色牌，而且張數（H）和先前是一樣的。所以 R 一定等於 B。

水與葡萄酒：令 H 為水的總體積。如果在做完這個步驟之後，酒杯裡的水量是 R，水杯中的酒量是 B，那麼用 R 代替 B，體積 H 還是會維持不變。所以 R 和 B 一定相等。

循環遊戲：後下的玩家有必勝策略。先下的玩家在一條邊上標了箭頭之後，後下的玩家應對的方法應該會是在圖中唯一不接觸第一條邊的

邊標上箭頭（箭頭的指向不重要）。接下來，後下的玩家只要沒有畫好可能會構成循環格的第二條邊，就會獲勝。還有許多很好的問題可以探討。至於其他的起始圖，哪個玩家會有必勝策略？有沒有哪種起始圖可以在每條邊標上箭頭，但又不會構成循環格？

幾何謎題：每對矩形都在四邊形 Q 中重疊。沿著一條從三個矩形邊線的交點 P 到兩個矩形邊線的交點 M 的直線，把 Q 切開。這會讓重疊區域分成兩個面積相同的三角形（由於對稱性），且各為某個矩形的一個角。現在可以看出，這些角落三角形的面積，是矩形總面積（4）的 1/8，所以重疊區域的面積是 1，而且有 3 個重疊區域，因此三個矩形覆蓋的總面積是 3 乘以 4 再減去 3，也就是 9。

木頭上的螞蟻：雖然互相彈開的螞蟻看起來很難掌握，但有個關鍵的想法可讓這件事變得非常簡單：從某種意義上來說，螞蟻在每種情況下的位置是相同的，所以兩隻螞蟻互相彈開，就**相當於**兩隻螞蟻交錯而過，因此不妨把所有的螞蟻都想成是在採取單獨的行動。從這個觀點來看，要保證所有螞蟻都掉下木頭，最久必須等待一隻螞蟻走過整根木頭所需要的時間，也就是 1 分鐘。

棋盤問題：第 6 章有一個證明，說明棋盤去掉了兩個同色的方格之後，剩下的棋盤格就無法用骨牌鋪滿了。如果去掉兩個不同色的方格，剩下的棋盤格可以用骨牌鋪滿──要弄懂這一點，你可以找一條從方格走到相鄰方格的連續路徑，把 8×8 棋盤上的每個方格都走訪

一遍。去掉了一個黑格和一個白格，就會把這條路徑分成兩路，每條路徑的方格數都是偶數，因此都可以用骨牌鋪滿。

關於 7×7 棋盤上的騎士，要注意騎士每一步都會走到另一個顏色的方格上，因此只有在黑白格數相同的棋盤上，才可能同時按照規定走法移動。但是 7×7 棋盤的黑白方格數不一樣。

至於俄羅斯方塊骨牌的問題，要記住七種俄羅斯方塊骨牌的形狀跟字母 O、I、L、J、T、S、Z 相似。另外也要注意，除了 T 形塊，其餘的俄羅斯方塊骨牌覆蓋的黑格和白格都一樣多，所以不可能鋪滿 4×7 的棋盤。

對於去掉對角的 8×8×8 正方體，利用坐標定出 1×1×1 正方體的位置，然後從三種顏色選一種，替 (i, j, k) 這個位置上的 1×1×1 正方體著色，顏色就對應到 $i+j+k$ 除以 3 的餘數。由於 1×1×3 的方塊恰好會覆蓋每種顏色的一個 1×1×1 正方體，因此唯有在圖中每種顏色的正方體數目一樣多時，才能夠用 1×1×3 的方塊鋪滿，但是數目並不相同。

松本滑塊遊戲：如果替起始配置中的磚編號，年輕女子標上 2，豎著的多米諾磚標上 1、3、4、6（從左到右，由上到下依序編號），橫的多米諾磚標上 5；小方磚標上 7、8、9、10（從左到右，由上到下依序編號），那麼如圖所示的起始配置的其中一個解法就會像這樣：6、10、8、5、6、10（中間），8、6、5、7（上、左），9、6、10（左、下），5、9、7、4、6、10、8、5、7（下、右），6、4、1、2、3、9、7、6、3、2、1、4、8、10（右、上），5、3、6、8、2、

9、7（上、左），8、6、3、10（右、下），2、9（下、右），1、
4、2、9、7（中間），8、6、3、10、9（下），2、4、1、8、7、6、
3、2、7、8、1、4、7（左、上），5、9、10、2、8、7、5、10（上、
左），2。

鞋帶鐘：(1) 有一種測得 3.75 分鐘的方法。假設鞋帶有 A 和 B 兩個端
點，由於鞋帶是對稱的，因此從中點切開會產生兩條一模一樣的鞋
帶，每一條可能是不對稱的，燃燒的時間為 30 分鐘。把這兩條鞋帶
並排放，讓 A、B 兩點看齊。點燃其中一條鞋帶的兩頭。15 分鐘後，
記下火焰相遇燒盡的地方，然後在另一條鞋帶上的相應位置切斷鞋
帶，現在你就有兩條彼此無關的鞋帶，只有燃燒時間同樣都是 15 分
鐘。同時點燃其中一條鞋帶的兩頭和另一條鞋帶的其中一端。第一條
鞋帶上的火焰在 7.5 分鐘後相遇時，弄熄另一條鞋帶上的火焰，剩下
的鞋帶會在 7.5 分鐘後燃盡。點燃這段鞋帶的兩端，那麼火焰相遇時
測得的時間就會是 3.75 分鐘。

　　(2) 你可以測得任意短的時間間隔！舉例來說，你可以測得 60 分
鐘除以 2 的某個次方得出的任何時間間隔。為了看出這件事，只要從
對稱、一模一樣的鞋帶中點切開，產生四條完全相同的非對稱鞋帶。
忽略一條，你就有三條鞋帶。

　　我們將會扼要敘述一個步驟，它會用到三條鞋帶，其中兩條一模
一樣，而且燃燒時間同樣是 T，這個步驟又會產生三條鞋帶，其中兩
條一模一樣，且燃燒時間為 $T/2$。把這些鞋帶稱為鞋帶 1、鞋帶 2 和
鞋帶 3，每條鞋帶的燃燒時間為 T，其中鞋帶 1 和鞋帶 2 一模一樣，

並且並排在一起。同時點燃鞋帶 3 的兩端和鞋帶 2 的其中一頭。當鞋帶 3 上的火焰相遇並燒盡時，弄熄鞋帶 2 上的火焰，並在鞋帶 1 的相應位置切斷鞋帶。現在你就有三條燃燒時間為 $T/2$ 的鞋帶，其中兩條一模一樣。

你可以無限期地繼續這個步驟，產生出燃燒時間為 $T/2^k$ 的鞋帶。

魏克禮拍賣：下面是解釋為什麼出價人的最佳策略是用她所想的車價 V 來出價。令 M 為其他所有出價的（未知）最高價。不管 M 是多少錢，我們都將證明，用其他金額 B 出價永遠不會比出價 V 來得好。如果 V 和 B 都低於 M，那麼出價人在這兩種情況下都競標失利，而如果 V 和 B 都高於 M，出價人在任一種情況下都會得標，支付 M 購得車子。因此，只有在 M 介於 B 和 V 之間，出價 B 和出價 V 的結果才會存在差異。

如果 $B > M > V$，那麼出價 B 雖然會得標，但要支付 M，超出出價者認為的汽車價值，因此在這場買賣中虧本，所以對出價者不利；但如果出價 V，她就會競標失利，她的財產不會有任何淨變化。

如果 $B < M < V$，那麼出價 B 對出價者不利，因為她會競標失利，財富的淨變化將為零，但如果她用自己認為的真實價值 V 出價，她就會得標，並且支付 M，低於她認為的車價，讓她賺一筆錢。

五連塊數獨：詳見下圖。

權力指標：三組的六種排序是 *ABC*、*ACB*、*BAC*、*BCA*、*CAB*、*CBA*。如果 *A* 組的人數是 48，*B* 組有 49 人，*C* 組有 3 人，那麼每種排序裡的中間那組是關鍵組。因此根據夏普力—舒比克指數，各組的權力是 1/3。

未知的多項式：只需要問兩個問題，就可以找出這個多項式。先問這個多項式在 1 的值，這個答案會給你係數的總和，如果這些係數都不是負的，這個總和就一定大於每個係數。如果答案的位數是 k，接著就可以問這個多項式在 10^{k+1} 的值。第二個提問的答案的各位數字，在長度為 $k+1$ 的分段中會呈現出每一項的係數。舉例來說，如果多項式在 1 的值為 1044，那麼最大係數的位數不會超過四位。現在再問這個多項式在 10^5 的值；如果答案是 12003450067800009，那就從右邊開始數，每個長度為 5 的分段會呈現出這個多項式的一個係數，因此一定是 $12x^3 + 345x^2 + 678x + 9$。

球上的五個點：從五個點的集合中選出任意一對點，這兩個點就決定了一個大圓，可把這個球分成兩個半球（球上的大圓就是以球心為圓心的圓），因此這兩個點位於兩個半球的邊界上。在其他三個點當中，至少有兩個點一定含在其中一個半球內。所以這個半球包含了這兩個點，還有最初的那一對點，加在一起就是四個點。

∞

注解

第 1 章　圓滿幸福

卷首語。Simone Weil, *Gravity and Grace,* trans. A. Wills (New York: G. P. Putnam's Sons, 1952), 188.

1. 取自西蒙寫給培讓神父（Father Perrin）的一封信，收錄在她的作品集中：*Waiting for God,* trans. Emma Craufurd (London: Routledge & K. Paul, 1951), 64。

2. 在史考特‧泰勒（Scott Taylor）的這本書中，對於數學與西蒙的心靈之間的連結做了非常好的整理："Mathematics and the Love of God: An Introduction to the Thought of Simone Weil"，也可以上網看：http://colby.edu/~sataylor/SimoneWeil.pdf。

3. 參見 Maurice Mashaal, *Bourbaki: A Secret Society of Mathematicians* (Providence: American Mathematical Society, 2006), 109–13。

4. 安德列‧韋伊的女兒希薇‧韋伊（Sylvie Weil）在回憶錄裡探究了西蒙和安德列的關係：*At Home with André and Simone Weil,* trans. Benjamin Ivry (Evanston, IL: Northwestern University Press, 2010)。

5. 2018 年一整年，市值排名前四的上市公司都是科技公司：蘋果、Alphabet（Google 的母公司）、微軟和亞馬遜。此外，前十名當中還有三家是科技公司：騰訊、阿里巴巴及 Facebook。

6. Michael Barany, "Mathematicians Are Overselling the Idea That 'Math Is Everywhere,'" *Guest Blog, Scientific American,* August 16, 2016, https://blogs.

scientificamerican.com/guest-blog/mathematicians-are-overselling-the-idea-that-math-is-everywhere/.

7. 可參見 Andrew Hacker, "Is Algebra Necessary?," editorial, *New York Times*, July 28, 2012, https://www.nytimes.com/2012/07/29/opinion/sunday/is-algebra-necessary.html; E. O. Wilson, "Great Scientist ≠ Good at Math," editorial, *Wall Street Journal*, April 5, 2013, https://www.wsj.com/articles/SB10001424127887323611604578398943650327184。這兩篇社論都建立在對於數學真正本質的誤解上。

8. 較近期的兩個例子分別是：美國數學協會出版的報告 *A Common Vision for Undergraduate Mathematical Sciences Programs in 2025* (2015)，可以上網看 https://www.maa.org/sites/default/files/pdf/CommonVisionFinal.pdf，以及美國全國數學教師協會（National Council of Teachers of Mathematics）的 *Catalyzing Change in High School Mathematics: Initiating Critical Conversations* (2018)，可上網購買：https://www.nctm.org/catalyzing/。

9. 參見 Christopher J. Phillips, *The New Math: A Political History* (Chicago: University of Chicago Press, 2015)。

10. 可參見 Robert P. Moses and Charles E. Cobb Jr., *Radical Equations: Civil Rights from Mississippi to the Algebra Project* (Boston: Beacon, 2002), ch. 1。

11. 想了解發人深省的評價，可參閱 Cathy O'Neil, *Weapons of Math Destruction: How Big Data Increases Inequality and Threatens Democracy* (New York: Crown, 2016)。

12. Erin A. Maloney, Gerardo Ramirez, Elizabeth A. Gunderson, Susan C. Levine, and Sian L. Beilock, "Intergenerational Effects of Parents' Math Anxiety on Children's Math Achievement and Anxiety," *Psychological Science* 26, no. 9 (2015): 1480–88.

13. "Definitions," trans. D. S. Hutchinson, in Plato, *Complete Works*, ed. John M. Cooper (Indianapolis: Hackett, 1997), 1680.

14. 值得注意的例子包括 Ubiratan D'Ambrosio，他在一篇文章中強調數學教

育的社會文化層面，並且開啟民族數學研究："Socio-cultural Bases for Mathematical Education," in *Proceedings of the Fifth International Congress on Mathematical Education*, ed. Marjorie Carss (Boston: Birkhäuser, 1986), 1–6；Reuben Hersh，他在這本書裡論述關於數學的人本主義哲學：*What Is Mathematics, Really?* (Oxford: Oxford University Press, 1997)；還有 Rochelle Gutiérrez，他致力於讓數學教育去人性化的結構、政策與實踐，尤其是對有色族裔學生，參見 "The Need to Rehumanize Mathematics," in *Rehumanizing Mathematics for Black, Indigenous, and Latinx Students: Annual Perspectives in Mathematics Education*, ed. Imani Goffney and Gutiérrez (Reston, VA: National Council of Teachers of Mathematics, 2018), 1–10。

15. Joshua Wilkerson, "Cultivating Mathematical Affections: Developing a Productive Disposition through Engagement in Service-Learning" (PhD thesis, Texas State University, 2017), 1, https://digital.library.txstate.edu/handle/10877/6611.

第 2 章　探索

卷首語 1. Maryam Mirzakhani，引用自 Bjorn Carey, "Stanford's Maryam Mirzakhani Wins Fields Medal," *Stanford News*, August 12, 2014, https://news.stanford.edu/news/2014/august/fields-medal-mirzakhani-081214.html。

卷首語 2. 鄭樂雋，*How to Bake Pi* (New York: Basic Books, 2015), 2，繁體中文版：《如何烤一個數學 Pi: 14 道甜點食譜，引導你學會數學思考》（漫遊者文化，2017 年）。

1. John Joseph Fahie, *Galileo: His Life and Work* (New York: James Pott, 1903), 114.

2. 可參見 Blaine Friedlander, "To Keep Saturn's A Ring Contained, Its Moons Stand United," *Cornell Chronicle*, October 16, 2017, http://news.cornell.edu/stories/2017/10/keep-saturns-ring-contained-its-moons-stand-united, and "Giant Planets in the Solar System and Beyond: Resonances and Rings" (Cornell Astronomy Summer REU Program, 2012), http://hosting.astro.cornell.edu/specialprograms/reu2012/workshops/rings/。

3. 更完整的例子出現在保羅・拉克哈特（Paul Lockhart）2002 年的文章〈一個數學家的嘆息〉（A Mathematician's Lament）中，參見齊斯・德福林（Keith Devlin）的 網 誌 *Devlin's Angle*："Lockhart's Lament," March 2008, https://www.maa.org/external_archive/devlin/devlin_03_08.html。

4. Achi 和其他來自非洲的遊戲，可在 MIND 研究所（MIND Research Institute）的撒哈拉沙漠以南地區遊戲盒找到實體，見網站 https://www.mindresearch.org/mathminds-games。

5. 我還沒有看過可解決這些歧義的可靠資料。

6. 參見 Claudia Zaslavsky, *Math Games & Activities from Around the World* (Chicago: Chicago Review Press, 1998)。

7. Fawn Nguyen, "These Twenty Things," *Finding Ways* (blog), December 19, 2016, http://fawnnguyen.com/these-twenty-things/.

8. 可參見 Kevin Hartnett, "Mathematicians Seal Back Door to Breaking RSA Encryption," *Abstractions Blog, Quanta Magazine*, December 17, 2018, https://www.quantamagazine.org/mathematicians-seal-back-door-to-breaking-rsa-encryption-20181217/；Rama Mishra and Shantha Bhushan, "Knot Theory in Understanding Proteins," *Journal of Mathematical Biology* 65, nos. 6–7 (December 2012): 1187–213，見 網 站 https://link.springer.com/article/10.1007/s00285-011-0488-3; Chris Budd and Cathryn Mitchell, "Saving Lives: The Mathematics of Tomography," *Plus Magazine*, June 1, 2008, https://plus.maths.org/content/saving-lives-mathematics-tomography。

9. 網站 *Art of Problem Solving* 是很好的資源，網址是：https://artofproblemsolving.com/。

10. Ben Orlin, *Math with Bad Drawings* (New York: Black Dog & Leventhal, 2018), 10–12.

11. 你可能還記得 2016 年的迪士尼動畫電影《海洋奇緣》（*Moana*）中的尋路情節。「歡樂之星」是指大角星（Arcturus）。

12. 參見 Richard Schiffman, "Fantastic Voyage: Polynesian Seafaring Canoe Completes

Its Globe-Circling Journey," *Scientific American*, June 13, 2017, https://www. scientificamerican.com/article/fantastic-voyage-polynesian-seafaring-canoe-completes-its-globe-circling-journey/。

13. 琳達在這篇文章中把她接受 Cheryl Ernst 採訪時的引述做了補充："Ethnomathematics Makes Difficult Subject Relevant," *Mālamalama*, July 15, 2010, http://www.hawaii.edu/malamalama/2010/07/ethnomathematics/。

第 3 章　意義

卷首語 1. *Sónya Kovalévsky: Her Recollections of Childhood*, trans. Isabel F. Hapgood (New York: Century, 1895), 316.

卷首語 2. Jorge Luis Borges, *This Craft of Verse* (Cambridge, MA: Harvard University Press, 2002), 22.

1. 如果想看類似狀況的有趣影片，可以上網搜尋 2011 年 5 月歐巴馬總統的座車在都柏林美國大使館出口坡道上卡住的新聞報導。

2. Henri Poincaré, *Science and Hypothesis*, trans. William John Greenstreet (New York: Walter Scott, 1905), 141.

3. Jo Boaler, "Memorizers Are the Lowest Achievers and Other Common Core Math Surprises," editorial, *Hechinger Report*, May 7, 2015, https://hechingerreport.org/memorizers-are-the-lowest-achievers-and-other-common-core-math-surprises/.

4. Robert P. Moses and Charles E. Cobb Jr., *Radical Equations: Civil Rights from Mississippi to the Algebra Project* (Boston: Beacon, 2002), 119–22.

5. 參見 Cassius Jackson Keyser, *Mathematics as a Culture Clue, and Other Essays* (New York: Scripta Mathematica, Yeshiva University, 1947), 218。

6. William Byers, *How Mathematicians Think: Using Ambiguity, Contradiction, and Paradox to Create Mathematics* (Princeton: Princeton University Press, 2007).

7. 數學家德福林在《數學：模式的科學》（*Mathematics: The Science of Patterns*）一書中推廣了這個定義，它可能出自 Lynn Steen, "The Science of Patterns," *Science* 240, no. 4852 (April 29, 1988): 611–16。

第 4 章 遊戲

卷首語 1. Martin Buber, *Pointing the Way: Collected Essays*, ed. and trans. Maurice S. Friedman (New York: Harper & Row, 1963), 21.

卷首語 2. Guglielmo Libri-Carducci 伯爵在獻給蘇菲・熱爾曼的頌詞中將提到她說過這句話。參見 Ioan James, *Remarkable Mathematicians: From Euler to Von Neumann* (New York: Cambridge University Press, 2002), 58。

1. Johan Huizinga, *Homo Ludens: A Study in the Play-Element of Culture*, translated from the German [translator unknown] (London: Routledge & Kegan Paul, 1949).

2. G. K. Chesterton, *All Things Considered* (London: Methuen, 1908), 96.

3. Huizinga, *Homo Ludens*, 8.

4. Paul Lockhart, "A Mathematician's Lament" (2002), 4，參見 *Devlin's Angle*: Keith Devlin, "Lockhart's Lament," March 2008, https://www.maa.org/external_archive/devlin/devlin_03_08.html。

5. 想了解模型建構循環，可參見 *GAIMME: Guidelines for Assessment and Instruction in Mathematical Modeling Education*, 2nd ed., ed. Sol Garfunkel and Michelle Montgomery, Consortium for Mathematics and Its Applications and the Society for Industrial and Applied Mathematics (Philadelphia, 2019)，見網站：https://www.siam.org/Publications/Reports/Detail/guidelines-for-assessment-and-instruction-in-mathematical-modeling-education。

6. Blaise Pascal, *Pensées*, trans. W. F. Trotter (New York: E. P. Dutton, 1958), 4, no. 10.

7. 要回答這個問題，先說服自己兩數只有末兩位數會影響乘積的末兩位數會很有幫助（想一想乘法是怎麼做的）。所以檢查數尾的平方，看看是不是頑強就夠了。要檢查 21 是不是頑強數尾，就把 21 平方，然後看看末位數是不是 21。並不是。接下來，了解到不必檢查兩位數數尾的所有一百種可能性，是有幫助的。原因在於，頑強的兩位數數尾必定有頑強的一位數數尾，然而這樣的數尾只有四個：0、1、5、6，因此只需檢查末位數是 0、1、5、6 的兩位數數尾。

8. 在所有 10^{15} 種可能的 15 位數數尾當中，只有四個是頑強的數尾！這也許會令你感到吃驚。分別是：

…000000000000000

…000000000000001

…259918212890625

…740081787109376

你有沒有注意到什麼東西？你想知道什麼？有沒有模式？

9. 這些數在數學文獻中稱為自守數（automorphic number）。當基數為質數時，它們也與 P 進數（*p*-adic number）有關。

10. Simone Weil, *Waiting for God*, trans. Emma Craufurd (London: Routledge & K. Paul, 1951), 106.

11. G. H. Hardy, *A Mathematician's Apology* (Cambridge: Cambridge University Press, 1940).

12. 參見新加坡總理談話的逐字稿：Sarah Polus, "Full Transcript: Prime Minister Lee Hsien Loong's Toast at the Singapore State Dinner," *Washington Post*, August 2, 2016, https://www.washingtonpost.com/news/reliable-source/wp/2016/08/02/full-transcript-prime-minister-lee-hsien-loongs-toast-at-the-singapore-state-dinner/。

13. "Republic," trans. Paul Shorey, in *The Collected Dialogues of Plato*, ed. Edith Hamilton and Huntington Cairns (Princeton: Princeton University Press, 1961), 768 (7.536e).

第 5 章　美

卷首語 1. "Autobiography of Olga Taussky-Todd," ed. Mary Terrall (Pasadena, California, 1980), Oral History Project, California Institute of Technology Archives, 6；可以上網看 http://resolver.caltech.edu/CaltechOH:OH_Todd_O。

卷首語 2. Quoted in Donald J. Albers, "David Blackwell," in *Mathematical People: Profiles and Interviews*, ed. Albers and Gerald L. Alexanderson (Wellesley, MA: A. K. Peters, 2008), 21.

1. "Interview with Research Fellow Maryam Mirzakhani," *Clay Mathematics Institute Annual Report 2008*, https://www.claymath.org/library/annual_report/ar2008/08Interview.pdf, 13.

2. Semir Zeki, John Paul Romaya, Dionigi M. T. Benincasa, and Michael F. Atiyah, "The Experience of Mathematical Beauty and Its Neural Correlates," *Frontiers in Human Neuroscience* 8 (2014): 68.

3. G. H. Hardy, *A Mathematician's Apology* (Cambridge: Cambridge University Press, 1940); Harold Osborne, "Mathematical Beauty and Physical Science," *British Journal of Aesthetics* 24, no. 4 (Autumn 1984): 291–300; William Byers, *How Mathematicians Think: Using Ambiguity, Contradiction, and Paradox to Create Mathematics* (Princeton: Princeton University Press, 2007).

4. Paul Erdős，語出保羅・霍夫曼（Paul Hoffman），《數字愛人：數學奇才保羅・艾狄胥的故事》（*The Man Who Loved Only Numbers: The Story of Paul Erdős and the Search for Mathematical Truth*, 44）。

5. Martin Gardner, "The Remarkable Lore of the Prime Numbers," Mathematical Games, *Scientific American* 210 (March 1964): 120–28.

6. 據說艾狄胥打趣道：「你不必相信上帝，但你應該相信天書」（語出霍夫曼，《數字愛人》，26）。為了向艾狄胥致敬，Martin Aigner 和 Günter Ziegler 把各種定理的優雅證明結集成冊，並把書名定為《來自天書的證明》（*Proofs from THE BOOK*, New York: Springer, 2010）。

7. Sydney Opera House Trust, "The Spherical Solution," https://www.sydneyoperahouse.com/our-story/sydney-opera-house-history/spherical-solution.html.

8. Jordan Ellenberg, *How Not to Be Wrong: The Power of Mathematical Thinking* (New York: Penguin, 2014), 436–37.

9. Albert Einstein, *Ideas and Opinions* (New York: Crown, 1954), 233.

10. Erica Klarreich, "Mathematicians Chase Moonshine's Shadow," *Quanta Magazine*, March 12, 2015, https://www.quantamagazine.org/mathematicians-chase-moonshine-string-theory-connections-20150312/.

11. Simon Singh, "Interview with Richard Borcherds," *The Guardian*, August 28, 1998, https://simonsingh.net/media/articles/maths-and-science/interview-with-richard-borcherds/.

12. C. S. Lewis, *The Weight of Glory* (New York: Macmillan, 1949), 7.

13. Barbara Oakley, "Make Your Daughter Practice Math. She'll Thank You Later," editorial, *New York Times*, August 7, 2018, https://www.nytimes.com/2018/08/07/opinion/stem-girls-math-practice.html.

第 6 章　永恆

卷首語 1. Bernhard Riemann, "On the Psychology of Metaphysics: Being the Philosophical Fragments of Bernhard Riemann," trans. C. J. Keyser, *The Monist* 10, no. 2 (1900): 198.

卷首語 2. Network of Minorities in Mathematical Sciences, "Tai-Danae Bradley: Graduate Student, CUNY Graduate Center," *Mathematically Gifted and Black*, http://mathematicallygiftedandblack.com/rising-stars/tai-danae-bradley/.

1. law（定律、法則）這個英文字有時也用來指數學概念，通常是憑經驗觀察到並經過定理確證的模式（如大數法則），或者是假定為知識基礎的公理（如交換律、排中律）。

2. David Eugene Smith, "Religio Mathematici," *American Mathematical Monthly* 28, no. 10 (1921): 341.

3. Morris Kline, *Mathematics for the Nonmathematician* (New York: Dover, 1985), 9.

4. 關於 Delphine Hirasuna 策劃的「我慢藝術」展覽的更多資訊，可以參閱 Susan Stamberg, "The Creative Art of Coping in Japanese Internment," NPR, May 12, 2010, https://www.npr.org/templates/story/story.php?storyId=126557553。

5. 有個移動 81 步的解法，是從稍微不同的起始配置開始玩，發表在下面這篇專欄文章中：Martin Gardner, "The Hypnotic Fascination of Sliding Block Puzzles," Mathematical Games, *Scientific American* 210 (February 1964): 122–30。從松本龜太郎的起始配置開始玩的解法，請見本書的〈謎題提示與

解答〉。

6. George Orwell, *1984* (Boston: Houghton Mifflin Harcourt, 1949), 76.

第 7 章　真理

卷首語 1. John 18:38 (Good News Translation).

卷首語 2. Blaise Pascal, *Pensées*, trans. W. F. Trotter (New York: E. P. Dutton, 1958), 259, no. 864.

1. Hannah Arendt, "Truth and Politics," *New Yorker*, February 25, 1967, reprinted in Arendt, *Between Past and Future* (New York: Penguin, 1968), 257.

2. 參見 Michael P. Lynch, *True to Life: Why Truth Matters* (Cambridge, MA: MIT Press, 2004)。

3. 犯錯有時會帶你繼續探究下去。正確的計算結果是 $777 \times 1,144 = 888,888$。很有趣！但這個有數字打錯了的算式 $777 \times 144 = 111,888$，也有個值得注意的模式。這裡面發生了什麼事？

4. Gian-Carlo Rota, "The Concept of Mathematical Truth," *Review of Metaphysics* 44, no. 3 (March 1991): 486.

5. Eugene Wigner, "The Unreasonable Effectiveness of Mathematics in the Natural Sciences," *Communications on Pure and Applied Mathematics* 13 (1960): 14.

6. Kenneth Burke, "Literature as Equipment for Living," collected in *The Philosophy of Literary Form: Studies in Symbolic Action* (Baton Rouge: Louisiana State University Press, 1941), 293–304.

7. 語出 David Brewster, *The Life of Sir Isaac Newton* (New York: J. & J. Harper, 1832), 300–301。

第 8 章　努力

卷首語 1. Simone Weil, *Waiting for God*, trans. Emma Craufurd (London: Routledge & K. Paul, 1951), 107.

卷首語 2. Martha Graham, "An Athlete of God," in *This I Believe: The Personal Philosophies of Remarkable Men and Women*, ed. Jay Allison and Dan Gediman, with John Gregory and Viki Merrick (New York: Holt, 2006), 84.

1. Alasdair MacIntyre, *After Virtue: A Study in Moral Theory*, 3rd ed. (South Bend, IN: University of Notre Dame Press, 2007), 188.

2. 同上。

3. 參見 Eric M. Anderman, "Students Cheat for Good Grades. Why Not Make the Classroom about Learning and Not Testing?," *The Conversation*, May 20, 2015, https://theconversation.com/students-cheat-for-good-grades-why-not-make-the-classroom-about-learning-and-not-testing-39556。

4. Carol Dweck, "The Secret to Raising Smart Kids," *Scientific American*, January 1, 2015, https://www.scientificamerican.com/article/the-secret-to-raising-smart-kids1/.

5. 關於思維模式如何影響數學學習的絕佳資源，以及教育工作者要怎麼改變思維模式的實際建議，都可以在這本書中找到：Jo Boaler, *Mathematical Mindsets* (San Francisco: Jossey Bass, 2016)，繁體中文版：《幫孩子找到自信的成長型數學思維》（臉譜出版，2019 年）。

6. "Interview with Maryam Mirzakhani," *Clay Math Institute Annual Report 2008*, https://www.claymath.org/library/annual_report/ar2008/08 Interview.pdf.

7. David Richeson, "A Conversation with Timothy Gowers," *Math Horizons* 23, no. 1 (September 2015): 10–11.

8. Laurent Schwartz, *A Mathematician Grappling with His Century* (Basel: Birkhauser, 2001), 30.

第 9 章　力量

卷首語 1. 語出 Stephen Winsten, *Days with Bernard Shaw* (New York: Vanguard, 1949), 291。

卷首語 2. Augustus de Morgan，語出 Robert Perceval Graves, *The Life of Sir William Rowan Hamilton*, vol. 3 (Dublin: Dublin University Press, 1889), 219。

1. 參見 Isidor Wallimann, Howard Rosenbaum, Nicholas Tatsis, and George Zito,

"Misreading Weber: The Concept of 'Macht,'" *Sociology* 14, no. 2 (May 1980): 261–75。

2. Andy Crouch, *Playing God: Redeeming the Gift of Power* (Downers Grove, IL: InterVarsity Press, 2014), 17.

3. 感謝我的朋友 Lew Ludwig 指出這一點讓我知道。

4. Dave Bayer and Persi Diaconis, "Trailing the Dovetail Shuffle to Its Lair," *Annals of Applied Probability* 2, no. 2 (May 1992): 294–313.

5. 這些細節可以參見 Karen D. Rappaport, "S. Kovalevsky: *A Mathematical Lesson*," American Mathematical Monthly 88, no. 8 (October 1981): 564–74。

6. Erica N. Walker, *Beyond Banneker: Black Mathematicians and the Paths to Excellence* (Albany: SUNY Press, 2014).

7. Cathy O'Neil, *Weapons of Math Destruction: How Big Data Increases Inequality and Threatens Democracy* (New York: Crown, 2016).

8. Parker J. Palmer, *The Courage to Teach: Exploring the Inner Landscape of a Teacher's Life*, 10th anniversary ed. (San Francisco: Jossey-Bass, 2007), 7.

第 10 章　正義

卷首語。Simone Weil, *Gravity and Grace*, trans. A. Wills (New York: G. P. Putnam's Sons, 1952), 188.

1. 例如 Timothy Keller, *Generous Justice: How God's Grace Makes Us Just* (New York: Penguin, 2012)。

2. 可以上網測驗一下：https://implicit.harvard.edu/implicit/。

3. Victor Lavy and Edith Sands, "On the Origins of Gender Gaps in Human Capital: Shortand Long-Term Consequences of Teachers' Biases," *Journal of Public Economics* 167 (2018): 263–79.

4. Michela Carlana, "Implicit Stereotypes: Evidence from Teachers' Gender Bias," *Quarterly Journal of Economics* (forthcoming): https://doi.org/10.1093/qje/qjz008.

5. 2004 年，大約有三分之一的美國大學新生想主修 STEM 領域，但當然，

白人和亞裔學生六年內完成修業的比率約為 45%，其他族裔則為 25%。
下面這篇論文中有很多有趣的數據：Kevin Eagan, Sylvia Hurtado, Tanya
Figueroa, and Bryce Hughes, "Examining STEM Pathways among Students Who
Begin College at Four-Year Institutions," paper commissioned for the Committee
on Barriers and Opportunities in Completing 2-Year and 4-Year STEM Degrees
(Washington DC: National Academies Press, 2014), https://sites.nationalacademies.
org/cs/groups/dbassesite/documents/webpage/dbasse_088834.pdf。

6. 參見 Jennifer Engle and Vincent Tinto, *Moving beyond Access: College Success for Low-Income, First-Generation Students* (Washington DC: Pell Institute, 2008), https://files.eric.ed.gov/fulltext/ED504448.pdf。

7. 舉例來說，在 2015 年拿到數學博士學位的美國公民中，有 84% 是白人，72% 是男性。參見 William Yslas Vélez, Thomas H. Barr, and Colleen A. Rose, "Report on the 2014–2015 New Doctoral Recipients," *Notices of the AMS* 63, no. 7 (August 2016): 754–65。

8. 參見 "Finally, an Asian Guy Who's Good at Math (Part Two)," *Angry Asian Man* (blog), January 4, 2016, http://blog.angryasianman.com/2016/01/finally-asian-guy-whos-good-at-math.html。

9. Rochelle Gutiérrez, "Enabling the Practice of Mathematics Teachers in Context: Toward a New Equity Research Agenda," *Mathematical Thinking and Learning* 4, nos. 2–3 (2002): 147.

10. 可參見 National Council of Teachers of Mathematics, *Catalyzing Change in High School Mathematics: Initiating Critical Conversations* (Reston, VA : The National Council of Teachers of Mathematics, 2018); Jo Boaler, "Changing Students' Lives through the De-tracking of Urban Mathematics Classrooms," *Journal of Urban Mathematics Education* 4, no. 1 (July 2011): 7–14。

11. William F. Tate, "Race, Retrenchment, and the Reform of School Mathematics," *Phi Delta Kappan* 75, no. 6 (February 1994): 477–84.

第 11 章　自由

卷首語 1. Helen Keller, *The Story of My Life* (New York: Grosset & Dunlap, 1905), 39.

卷首語 2. Eleanor Roosevelt, *You Learn by Living* (New York: Harper & Row, 1960), 152.

1. 想知道他的一些速算法，請見 Arthur Benjamin and Michael Shermer, *Secrets of Mental Math* (New York: Three Rivers, 2006)。

2. 如果各位數字和是 10 或超過 10，這個乘以 11 的速算法就必須「進位」。譬如要計算 75×11，你要先把 7 和 5 相加得 12，然後把 2 放在 7 和 5 之間，最後還要「進 1」，把 1 加到 7 變成 8，所以答案是 825。如果你懂一點代數，就可以用它說明為什麼這個速算法有效。$10a+b$ 這個數的十位數字與個位數字分別是 a 和 b，於是 $(10a+b) \times 11 = 110a+11b = 100a+10(a+b)+b$。最後這個式子事實上就是在間接表示把兩個數字相加，然後把總和放在它們之間。

3. 參見 Georg Cantor, "Foundations of a General Theory of Manifolds: A Mathematico-Philosophical Investigation into the Theory of the Infinite," trans. William Ewald, in *From Kant to Hilbert: A Source Book in the Foundations of Mathematics*, ed. Ewald (New York: Oxford University Press, 1996), vol. 2, 896 (§8)。文中的加粗字為原文標示。

4. Evelyn Lamb, "A Few of My Favorite Spaces: The Infinite Earring," *Roots of Unity* (blog), *Scientific American*, July 31, 2015, https://blogs.scientific american.com/roots-of-unity/a-few-of-my-favorite-spaces-the-infinite-earring/.

5. J. W. Alexander, "An Example of a Simply Connected Surface Bounding a Region Which Is Not Simply Connected," *Proceedings of the National Academy of Sciences of the United States of America* 10, no. 1 (January 1924): 8–10.

6. 參見 Robert Rosenthal and Lenore Jacobson, "Teachers' Expectancies: Determinants of Pupils' IQ Gains," *Psychological Reports* 19 (1966): 115–18。值得注意的是，這項研究引發了爭議。關於這項研究的有趣描述，包括批評和後續研究，

可參見 Katherine Ellison, "Being Honest about the Pygmalion Effect," *Discover Magazine*, October 29, 2015, http://discovermagazine.com/2015/dec/14-great-expectations。

7. bell hooks, *Teaching to Transgress: Education as the Practice of Freedom* (New York: Routledge, 1994), 3.

8. 同上。

第 12 章　社群

卷首語 1. Bill Thurston, October 30, 2010, reply to "What's a Mathematician To Do?," *Math Overflow*, https://mathoverflow.net/questions/43690/whats-a-mathematician-to-do.

卷首語 2. 參見 Deanna Haunsperger, "The Inclusion Principle: The Importance of Community in Mathematics," MAA Retiring Presidential Address, Joint Mathematics Meeting, Baltimore, January 19, 2019；網站上有影片可看：https://www.youtube.com/watch?v=jwAE3iHi4vM。

1. Parker Palmer, *To Know as We Are Known* (New York: Harper Collins, 1993), 9.

2. 參見 Gina Kolata, "Scientist at Work: Andrew Wiles; Math Whiz Who Battled 350-Year-Old Problem," *New York Times*, June 29, 1993, https://www.nytimes.com/1993/06/29/science/scientist-at-work-andrew-wiles-math-whiz-who-battled-350-year-old-problem.html。幾年後，懷爾斯在理查・泰勒（Richard Taylor）的協助下，修正了證明裡的瑕疵。

3. 參見 Dennis Overbye, "Elusive Proof, Elusive Prover: A New Mathematical Mystery," *New York Times*, August 15, 2006, https://www.nytimes.com/2006/08/15/science/15math.html。

4. 參見 Thomas Lin, "After Prime Proof, an Unlikely Star Rises," *Quanta Magazine*, April 2, 2015, https://www.quantamagazine.org/yitang-zhang-and-the-mystery-of-numbers-20150402/。

5. 參見 Jerrold W. Grossman, "Patterns of Collaboration in Mathematical Research,"

SIAM News 35, no. 9 (November 2002): 8–9；也可以上網看：https://archive. siam.org/pdf/news/485.pdf。

6. 我會在這裡再提幾個可能對很多人有吸引力的課程。全美國有兩百多個「數學圈」（math circle），定期把孩子們聚在一起，去發掘門檻低、天花板高的問題與互動式探索，引起大家的興致；你可以在全美數學圈協會的網站（http://www.mathcircles.org/）找個團體。BEAM（全名 Bridge to Enter Advanced Mathematics，官網 https://www.beammath.org/）提供日間與寄宿課程，專門協助資源不足的學生踏入科學專業領域。過去我在 MathPath 這個數學夏令營（http://www.mathpath.org/）教過課，他們每年夏天都會招收中學生來參加數學課程及戶外活動；各個教育程度都有像這樣的課程。帕克城數學學院（Park City Mathematics Institute，官網 https://www.ias.edu/pcmi）替數學老師（及數學社群的其他團體）辦了為期三星期的暑期課程，帶大家思考數學教學和領導力。

7. 可參見 Talithia Williams, *Power in Numbers: The Rebel Women of Mathematics* (New York: Race Point, 2018); 101 Careers in Mathematics, ed. Andrew Sterrett, 3rd ed. (Washington DC: Mathematical Association of America, 2014)。

8. Simone Weil, letter to Father Perrin, collected in *Waiting for God*, trans. Emma Craufurd (London: Routledge & K. Paul, 1951), 64.

9. 參見 *MAA Instructional Practices Guide* (2017), including references, from the Mathematical Association of America，可以上網看 https://www.maa.org/programs-and-communities/ curriculum%20resources/instructional-practices-guide。

10. 參見 Darryl Yong, "Active Learning 2.0: Making It Inclusive," *Adventures in Teaching* (blog), August 30, 2017, https://profteacher.com/2017/08/30/active-learning-2-0-making-it-inclusive/。

11. Ilana Seidel Horn 的這本書對於該怎麼做給了一些意見：*Motivated: Designing Math Classrooms Where Students Want to Join In* (Portsmouth, NH: Heinemann, 2017) contains ideas on how to do so。

12. 參見 Justin Wolfers, "When Teamwork Doesn't Work for Women," *New York Times*,

January 8, 2016, https://www.nytimes.com/2016/01/10/upshot/when-teamwork-doesnt-work-for-women.html。

13. 參見 Association for Women in Science–Mathematical Association of America Joint Task Force on Prizes and Awards, "Guidelines for MAA Selection Committees: Avoiding Implicit Bias" (prepared August 2011, approved August 2012), Mathematical Association of America, https://www.maa.org/sites/default/files/pdf/ABOUTMAA/AvoidingImplicitBias_revisionMarch2018.pdf。

14. Karen Uhlenbeck, "Coming to Grips with Success," *Math Horizons* 3, no. 4 (April 1996): 17.

第 13 章　愛

卷首語 1. 1 Corinthians 13:1 (Good News Translation).

卷首語 2. *The Papers of Martin Luther King, Jr.*, ed. Clayborne Carson, vol. 1, *Called to Serve: January 1929–June 1951*, ed. Ralph E. Lucker and Penny A. Russell (Berkeley: University of California Press, 1992), 124.

1. 可參見 Hannah Fry, *The Mathematics of Love: Patterns, Proofs, and the Search for the Ultimate Equation* (New York: Simon & Schuster, 2015)。

2. Simone Weil, letter to Father Perrin, collected in *Waiting for God*, trans. Emma Craufurd (London: Routledge & K. Paul, 1951), 64.

3. 我在下面這篇文章裡講到這段故事： Francis Edward Su, "The Lesson of Grace in Teaching," in *The Best Writing on Mathematics 2014*, ed. Mircea Petici (Princeton: Princeton University Press, 2014), 188–97，也可以上網看：http://mathyawp.blogspot.com/2013/01/the-lesson-of-grace-in-teaching.html。

4. Simone Weil, "Reflections on the Right Use of School Studies with a View to the Love of God," in *Waiting for God*, trans. Emma Craufurd (London: Routledge & K. Paul, 1951), 115.

致謝

西蒙・韋伊的原文是：「L'attention est la forme la plus rare et la plus pure de la génerosité.」。詳見 Weil and Joë Bousquet, *Correspondance* (Lausanne: Editions l'Age d'Homme, 1982), 18。

國家圖書館出版品預行編目資料

生而為人的13堂數學課：透過數學的心智體驗與美德探索，讓你成為更好的人的練習／蘇宇瑞（Francis Su）著；畢馨云譯. -- 初版. -- 臺北市：臉譜，城邦文化出版：家庭傳媒城邦分公司發行, 2022.01
　　面；　公分. --（科普漫遊；FQ1072）

譯自：Mathematics for Human Flourishing

ISBN 978-626-315-048-5（平裝）

1.Mathematics-Philosophy. 2.Mathematics-Social aspects. 3.數學 4.數學哲學

310　　　　　　　　　　　　　　　　110019485

科普漫遊　FQ1072

生而為人的13堂數學課
透過數學的心智體驗與美德探索，讓你成為更好的人的練習

作　　　者　蘇宇瑞（Francis Su）
譯　　　者　畢馨云
副 總 編 輯　劉麗真
主　　　編　陳逸瑛、顧立平
封 面 設 計　陳恩安

發 行 人　涂玉雲
出　　版　臉譜出版
　　　　　城邦文化事業股份有限公司
　　　　　台北市中山區民生東路二段141號5樓
　　　　　電話：886-2-25007696　傳真：886-2-25001952
發　　行　英屬蓋曼群島商家庭傳媒股份有限公司城邦分公司
　　　　　台北市中山區民生東路二段141號11樓
　　　　　客服服務專線：886-2-25007718；25007719
　　　　　24小時傳真專線：886-2-25001990；25001991
　　　　　服務時間：週一至週五上午09:30-12:00；下午13:30-17:00
　　　　　劃撥帳號：19863813　戶名：書虫股份有限公司
　　　　　讀者服務信箱：service@readingclub.com.tw
香港發行所　城邦（香港）出版集團有限公司
　　　　　香港灣仔駱克道193號東超商業中心1樓
　　　　　電話：852-25086231　傳真：852-25789337
馬新發行所　城邦（馬新）出版集團 Cité (M) Sdn Bhd
　　　　　41-3, Jalan Radin Anum, Bandar Baru Sri Petaling, 57000 Kuala Lumpur, Malaysia
　　　　　電話：603-90563833　傳真：603-90576622
　　　　　E-mail: services@cite.my

初 版 一 刷　2022年1月4日
初 版 四 刷　2023年6月15日
ISBN 978-626-315-048-5

城邦讀書花園
www.cite.com.tw

定價：420元